抗炎體質食療聖經

百病起於「炎」，哪些食物害你慢性發炎？
四週、八週抗炎食譜，吃回自體免疫力！

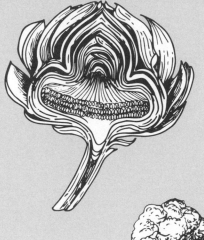

THE
INFLAMMATION
SPECTRUM

FIND YOUR FOOD TRIGGERS AND RESET YOUR SYSTEM

Dr. Will Cole

威爾‧柯爾 醫師 著

繆靜芬——譯

各界讚譽

「與我們Goop合作過的健康從業人員當中,威爾‧柯爾是最有好奇心又最慈悲的其中一位。在《抗炎體質食療聖經》一書裡,他分享了有助益且簡單易學的工具箱,以及令人信服且為人賦能的觀點,可以讓你取回並優化自身的健康。」

—— 葛妮絲‧派特洛,生活型態公司Goop創辦人
《紐約時報》暢銷書《乾淨的盤子》(*The Clean Plate*)作者

「柯爾醫師完成了一件非常出色的工作,突顯出炎症在人類最普遍且頑強的諸多健康課題中扮演了關鍵的角色。聚焦在慢性炎症以及有助於找到解答的生活型態修正,是重拾和維護健康的重要根基,而在《抗炎體質食療聖經》中,這些目標奇妙地達成了。」

—— 大衛‧博瑪特(David Perlmutter)醫師,美國營養學院院士(FACN)
《紐約時報》暢銷書《無麩質飲食,讓你不生病》(*Grain Brain*)與
《無麩質飲食,打造健康腦》(*Brain Maker*)作者

「《抗炎體質食療聖經》是我們每一個人都需要的著作。就跟《生酮食譜》(*Ketotarian*)一樣,威爾‧柯爾醫師用清新的解決方案重新闡述炎症,再次令我們驚歎。由於本書,你不但會認識到炎症如何影響健康,還會發現你的身體喜愛和厭惡哪些特定的食物,從而開始療癒你的健康問題——無須猜測。」

—— 亞力山卓‧楊格(Alejandro Junger)醫師
《紐約時報》暢銷書《消化系統淨化全書》(*Clean Gut*)作者

「《抗炎體質食療聖經》是為受夠了時尚飲食的人們撰寫的。我的同事威爾·柯爾醫師運用他投入功能醫學的多年經驗，精闢地設計出一份誰都可以用來使自己感覺最優、看起來最好的計畫。最終發現哪些食物真正最適合你的身體，以及這點該如何顯化成永續、終生的全人健康，從而達成『食物自主』（food freedom）。」

——馬克·海曼（Mark Hyman）醫師
克利夫蘭功能醫學門診中心（Cleveland Clinic Center for Functional Medicine）主任
《紐約時報》暢銷書《食物：我該吃什麼》（Food）作者

「在全人健康界，炎症是非常熱門的話題，而《抗炎體質食療聖經》終於為我們提供了所有問題的解答。威爾·柯爾醫師解釋了炎症如何存在一個連續體上，也讓你看見如何發現自己在炎症譜示上的位置。如果你曾經對自己的健康感到困惑，就該好好讀讀本書，開始透過美味的食物藥膳，自然地做出正向的改變。」

——喬許·雅克斯（Josh Axe），自然醫科醫師（DNM）、
整脊醫師（DC）、神經外科醫師學會（CNS）醫師
《生酮飲食》（Keto Diet）與《土療讓你更健康》（Eat Dirt）暢銷書作者

「威爾·柯爾醫師是技藝高超的專家，擅長依據功能醫學的一切事物，解決我的個案的健康問題。《抗炎體質食療聖經》使人輕而易舉地找到哪些食物最適合你的身體。柯爾醫師更向前跨出一步，透過找出你的身體喜愛哪些食物，提供工具給你，以非常實用的方法將功能醫學的知識應用到你的生活中。這是將奠基於恩典的飲食發揮到極致。」

——凱莉·勒維克（Kelly Leveque），名人營養師
《愛你的身體》（Body Love）作者

「談到健康，炎症是一切邪惡的根源。許多人與炎症共存，甚至不認識炎症，這是很嚴重的問題啊！現在因為威爾·柯爾醫師的《抗炎體質食療聖

經》，終於有一套計畫（program）和一套通訊協定（protocol），讓我們有跡可循，能夠對抗炎症，達成最理想的健康和幸福。」

—— 傑森・瓦霍布（Jason Wachob）

綠身心（MindBodyGreen）創辦人兼共同執行長，《全富足》（*Wellth*）作者

「如果你可以總結出一切文明病的根本原因是什麼，一定很容易歸結為炎症。在《抗炎體質食療聖經》中，威爾・柯爾醫師獻上了無價的臨床智慧，探討如何滋養自己，杜絕炎症之火。這本書一定會幫助你運用量身訂製的全食物（whole food）生酮飲食來撲滅使你肥胖和生病的火焰。」

—— 吉米・摩爾（Jimmy Moore），《生酮治病飲食全書》（*Keto Clarity*）暢銷書作者

及《斷食全書》（*The Complete Guide to Fasting*）共同作者

「像威爾・柯爾這樣的醫治者，是預防醫學的莫大希望——和未來。透過執業的實務經驗，柯爾醫師提出高度個人且直覺的照護法，將個案置於一份全人健康的圖譜上，目標在於讓個案保持在生氣勃勃的那一端。在當今的高壓世界中，自體免疫性疾病在女性之間猖獗，而柯爾醫師帶來了一個亟需關注的焦點，可以先發制人，阻止慢性病成形。」

—— 埃莉絲・羅南（Elise Loehnen），Goop 的內容長

「終於啊！你希望你的健康執業人員開口詢問的一切聰明問題都出現了！我的同行，備受尊敬的威爾・柯爾醫師用《抗炎體質食療聖經》釐清了這點。身為腸道健康專家，我知道大部分慢性炎症的根源在於腸道，也明白透過飲食、食譜、用餐計畫為健康量身訂製的個人處方可以改變人生。柯爾醫師的著作以奠基於功能醫學的測驗為特色，可以幫助每一個人成為偵探，發現自己獨一無二的炎症和健康概況。」

—— 文森・佩德烈（Vincent Pedre）醫學博士

《快樂腸道》（*Happy Gut*）暢銷書作者

「在《抗炎體質食療聖經》中，柯爾醫師滔滔不絕地解釋了健康問題的根本原因，而且提出好玩、創新的計畫，俾使逐步降低炎症，找回最佳的全人健康狀態。」

—— 泰莉‧華茲（Terry Wahls）醫學博士，功能醫學證照課程學院（IFMCP）
《華茲的作戰守則》（*The Wahls Protocol*）作者

「友人威爾‧柯爾醫師圍繞著一個可以好好控制但卻時常被忽略的主題，再度創造了一種教育方法……身為致力於透過食物改變世界的廚師，我為你感到雀躍，可以好好享受後續書頁中如史詩般浩瀚的教育。」

—— 丹‧邱吉爾（Dan Churchill）
《純爺們飲食》（*DudeFood*）作者

「在《抗炎體質食療聖經》中，友人柯爾醫師將愛與恩典帶回到全人健康上。威爾擺脫飲食教條，教導我們如何找出哪些食物使我們感覺到自己的最優與最好。」

—— 凱莉‧拉瑟佛（Kelly Rutherford），女演員

「威爾‧柯爾醫師完成了驚人之舉，讓我們看見在形塑我們的健康方面，炎症扮演了生死攸關的角色。他精闢地闡釋慢性炎症性健康問題的根源，提供希望和創新、實用的方法，以此戰勝炎症，脫胎換骨，不但回復健康，同時邁向欣欣向榮的人生。」

—— 德魯‧普洛希特（Dhru Purohit）
《破碎的腦》（*The Broken Brain*）播客節目主持人

獻給安珀（Amber）、索羅門（Solomon）、希洛（Shiloh）：
當我盯著你們看，我看見上帝的心——
無垠的愛、恩典、接納。
願這些品質滲透本書的每頁。

目錄

前言

每個人都是炎症體質的年代

　　你的身體是活生生的，因為出色的生物化學特性。由於一條綿延近十萬公里的血管貫穿你整個人，因此你的身體每一秒鐘製造出兩千五百萬個新細胞。你的腦子裡存有比銀河系的星辰更加複雜的連結。事實上，你體內數兆個不同的細胞，其實是由碳、氮、氧形成的，與數十億年前便明亮閃爍的星星如出一轍。換言之，你壓根兒就是星團構成的。雖然這幾兆個細胞都有自己獨一無二的目的，但它們也擁有共同的一件事：它們的存在使你可以茁壯成長。也因此，你很特殊，既複雜又深奧。亙古以來，縱觀時間和人類的存在，除了你，從來沒有一個人匯集過跟你一樣獨特的基因、生物化學特性和美。

　　對每一個人來說，我們吃進的每一樣食物都指導著我們的生物化學特性。每一餐，我們吃下的每一口食物，都會不斷地、動態地影響著我們的感受。但因為別人不是你，所以沒有硬性規定的規則可以揭露一份世界通用的好、壞食物清單。在某人身上運作良好的食物，可能不適合你和你獨一無二的生物化學特性。本書就是為你而寫的，它是你的個人指南，可以找出「你的身體」喜愛、厭惡、需要哪些食物才能感覺超讚。

　　身為功能醫學執業人員，我專精於幫助人們學習自己身體的語言，好讓當事人可以在日常生活中確切地發現，他們在做的事（或不做的事）可能會幫助或是傷害自己獨一無二的生物化學特性。我曾經教導幾千名患者如何契入自己深層的內在智慧，藉此幫助他們減重和重拾活力。什麼食物害你發炎呢？什麼食物對你來說是有營養、有裨益的呢？你的身體知道的。你的膳食應該是專屬於你的，但你怎麼知道哪些食物適合你呢？你該如何學會聽見身體正在告訴你的訊息，好讓你可以滋養它同時茁壯健康？

炎症的年代

　　發現你的獨特膳食對優化健康很重要，但之所以要介入不為你服務的飲食和生活習慣，有一個更重要的理由。有一場風暴正在醞釀。雲朵聚集在地平線上，風暴即將來襲。那是炎症的風暴。跡象已經出現在我們身上。令人震驚的是，六〇％的美國成年人患有慢性病，四〇％患有二或多種慢性病[1]。今天，每四十秒鐘[2]就有一人心臟病發，癌症是全球第二大死因[3]，五千萬美國人患有自體免疫性疾病[4]，而且差不多半數的美國人患有前期糖尿病或糖尿病[5]。

　　另外，腦部健康問題也日漸增加。大約二〇％成年人患有臨床上可確診的精神疾病[6]。抑鬱症現在是全世界導致殘疾的主要原因。三至十七歲的美國孩童，五個之中約有一個（約一千五百萬孩童）患有臨床上可確診的心智、情緒或行為失調。嚴重的抑鬱症日漸惡化，尤其是青少年，而青少女的自殺率更達到四十年來最高[7]。焦慮衝擊著四千多萬的美國人，阿茲海默症則是美國第六大死因。自一九七九年以來，腦部疾病導致的死亡人數，男性增加了六六％，女性則增加了高達九二％[8]。現在每五十九名孩童中，就有一名患有自閉症[9]。

　　為什麼會發生這樣的事呢？所有這些不同的健康問題之間，存在著一個潛在的共同性──有一個連結綁住了這些不愉快的事。這些健康問題

中，每一個本質上都是炎症性的。可悲
的是，現在是炎症肆虐的年代。

> 什麼食物害你發炎呢？
> 什麼食物對你來說是有
> 營養、有裨益的呢？

對於這些慢性炎症性健康問題，
主流醫學給出的最佳（且通常是唯一）
選項是什麼呢？藥物。令人難以相信
的是，八一％的美國人每天至少服用一種藥物。但所有這些藥物的「修
復」，實質上有幫助嗎？

美國在健康照護方面的花費高過任何其他國家[10]，然而美國人的平均
壽命卻比較短，肥胖更為普遍，母親和嬰兒的死亡率高於世界上任何其他
工業化國家。事實上，據說現在因處方藥殺死的人，多過海洛因和古柯鹼
兩者合計致命的人數[11]。當然有些人因為藥物而存活，而且現代醫療在急
救照護方面，也為我們帶來了驚人的進展。但誰能夠查看這些統計數據並
得出結論，斷定慢性健康問題的主流方法是有效的或永續的？

為什麼我們必須在現代醫學和健康之間做出抉擇呢？拯救生命的傳統
醫學有派上用場的時間和地點。對於我們做出的每一個健康決定，我相信
我們應該要詢問：「對我最有效且造成最少副作用的選項是什麼呢？」對
某些人來說，藥物符合這個標準，但對許多其他人而言，情況卻不是這
樣。對於罹患多種不同健康問題的許多人們來說，藥物並不是最有效的選
項，儘管藥物往往是傳統醫學必須指出的唯一選項。而且大部分的現代藥
物，都有一長串潛在的副作用（你看過那些藥物廣告吧）。我們怎能把這
樣的現代化系統稱作是「健康照護」（health care）呢？今天存在於主流醫
學當中的「健康」（health）或「照護」（care）少之又少，說是「疾病管
理」（disease management）或「病人照護」（sick care）更為恰當。

基於許多原因，患者來找我看診，或是從世界各地在線上與我商量，
最常見的原因之一是：傳統醫學沒有為患者的慢性炎症性健康問題提供解

答或緩解方案。這些健康問題可能差異極大，但我最常見到的病例是：消化不良、自體免疫性疾病、激素失衡、持續性焦慮或抑鬱、減重抗性、無法緩和的疲憊。我的患者渴望解決問題的原因，而不只是用藥掩蓋，何況藥物的副作用往往跟應該要緩解的症狀一樣糟或是比症狀更糟。

當患者來找我看診時，我會廣泛地與對方談論，聆聽對方。我給患者幾份問卷（我已經為本書改編了這些問卷），真正調查患者的症狀根源在哪裡以及他們最容易發炎的

> **現在是炎症的年代**

地方。然後，不同於傳統醫生的是，傳統醫生被教導要遵照某個模式，將症狀與某項診斷和對應的藥物配對，而我則是與患者合作，一起探究他們的慢性健康問題的潛在層面。我感興趣的不只是「我們如何阻止這些症狀？」還包括「我們如何找出並修復症狀的根本原因，好讓症狀自行消除？」對我來說，這是一個比較明智而直接的方法，因為歸根結柢，誰會由於藥物缺乏而有健康問題呢？

這是重要乃至關鍵的差異，區分我如何落實功能醫學（後文會談到更多）與受過傳統訓練的醫生如何行醫。你八成聽過引述自希波克拉底*的話：「讓食物成為你的藥物，藥物成為你的食物。」當現代醫學之父的話被認為是激進的且對主流醫學造成威脅時，我們究竟偏離了多遠啊？在傳統醫學中，如果有考慮到食物，也是事後才想到。

食物不應該是事後才想到的。食物是威力強大的藥物。問題是，從訓練有素的傳統醫生那裡，你不太可能得到許多這類「處方」的相關資訊。今天美國境內的醫學院學生，四年的在校學習期間[12]，平均只接受大約十九個小時的營養教育，而且只有二九％的美國醫學院，為醫學院

---

* 譯註：大約出生在西元前四六〇年，今人尊稱為「醫學之父」。

學生提供建議的二十五小時營養教育[13]。《國際青少年醫學與健康雜誌》（*International Journal of Adolescent Medicine and Health*）的一項研究，評估了進入小兒科住院計畫的醫學院畢業生，擁有多少的基本營養和健康知識，結果發現，十八個問題中，這些畢業生能夠正確回答的平均只有五二％。簡言之，大部分的醫生並沒通過基本營養學的考試，因為他們根本沒有接受過這個領域的必要訓練[14]。

諷刺的是，對主流醫學來說，營養學的優先順序實在很低，因為在最常見的慢性疾病（心臟病、癌症、自體免疫、糖尿病）當中，有驚人的八〇％幾乎因為生活型態的選擇而變得可以預防和可以逆轉[15]。如果我們今天在人世間面對的幾乎所有慢性健康問題，都是可以預防、可以逆轉、可以改善、可以操縱，或是可以自然方法戰勝的，為什麼我們要勉強接受成效較差的東西呢？某事很常見並不代表它是正常的。慢性的炎症性健康問題和日漸增加的處方清單確實普遍存在，但它們肯定是不正常的。

照護型健康的未來

功能醫學（functional medicine）是一種新興的健康照護模式，不同於傳統醫學。功能醫學執業人員認為，食物和生活型態藥膳是健康恢復的主要模式，他們不將藥物介入視為管理慢性疾病的第一個（有時是唯一的）選項。基於這點，經驗過這個健康照護方法的我們這批人，接受過廣泛的培訓，明白食物和生活型態的強力效果。需要藥物時，我們沒有問題，但焦點在於患者人生的更大布局，因為我們知道，你吃下的東西和你如何生活，直接影響你的健康和安樂。由於傳統醫生通常沒有接受過引導人們改變生活型態的訓練，因此仰賴醫生幫忙的人們（尤其是症狀不符合標準模式的患者）往往在看診之後一無所獲，只得到懸而未決的健康問題以及一份愈來愈長的清單——記載著處方藥和藥物的副作用。功能醫學提出另一種方式——由「食物」打頭陣。

關於如何開始控制自己的健康並找到問題的根源，我教給患者的其中一個最強大方法是：如何將膳食當作藥物用。我們幾乎總是從那裡開始，因為你吃下的每一口食物，要麼餵

沒有中性的食物

養健康，要麼打擊健康。每一餐膳食都是一次滋養或侵蝕安康的機會——推動你進一步朝增加炎症的譜示前行，或是朝著平息炎症和改善症狀與整體健康的方向前進。沒有中性的食物，也沒有像瑞士大餐那樣包山包海的。

難就難在這裡：使「你」更加接近健康或更加遠離健康的食物，可能與使另一個人產生同樣效果的食物全然不同。根據自身系統中發炎的程度，我們每一個人都處在一份譜示上的某個地方——而且推動我們朝某一個方向或是另一個方向前進的東西，不會是「全體適用」的方法。我落實功能醫學的原因在於，它將個體性（individuality）放在首位。功能醫學執業人員理解到，沒有一種飲食或處方對每一個人都有效——即使那些人的症狀相同——因為太多其他的因子影響症狀呈現的方式，而且任何既定的症狀可能有許多不同的原因。

你怎麼知道該選擇什麼食物呢？你怎麼知道什麼食物和生活習慣正在促進你的健康呢？哪些食物和生活習慣可能會使你的症狀惡化，導致你產生減重抗性、耗盡你的能量或是害你疼痛呢？真相是，毫無疑問且無人爭辯，只有一套證明有效的最佳方法可以做到這點，就是執行某套「剔除飲食法」（elimination diet）。

「剔除飲食法」的力量和目的

迄今為止，沒有實驗檢測能夠可靠且一致地偵測出你對食物的不耐性（intolerance）和敏感性（sensitivity）。也沒有實驗檢測可以用近似於剔除飲食法的任何方法明確地告訴你，這種或那種食物會害你出現某些症狀，然而執行某套精心策劃且仔細落實的剔除飲食法，卻可以得到證明可靠的結果。剔除飲食法可以精確地斷定，到底哪些食物會害某人發炎。然而，大部分剔除飲食法（醫生和飲食指導員用了數十年的剔除飲食法）的問題是，即使要求執行的時間短暫，但方法無聊、籠統、難以持續。何況精確的剔除飲食法必須執行一週以上。你可能最終淪落到感覺身在食物監獄裡！

不見得一定要變成那樣。

我給患者的剔除飲食法是不一樣的。我從多年的經驗得知，並不是每一個人都可能對每一樣東西敏感或起反應，事實上，有特定症狀的人比較可能無法忍受某些類型的食物，同時比較可能從某些類型的食物藥膳中獲益。了解並根據這個真相採取行動，可以讓剔除飲食法的實踐變得比較個人化、更能持久、更加有趣。

你將在本書中找到的這套新型剔除飲食計畫，設計的宗旨在於個人化，而不是根據不健康的某人產生的某個籠統概念。它將最煩人的症狀和最大的顧慮納入考量，同時根據你獨一無二的症狀表現新增客製化的建議。此外，這套方法更進一步，囊括的不只是要新增和待剔除的食物，還包含要新增和待剔除的生活習慣，為的是從各個角落改善健康，甚至是超越食物。我的剔除飲食法是專門瞄準「你」——無論你是誰、你住在哪裡，或是你喜歡吃什麼和做什麼。這個方法更好玩、更有趣、更可能讓你持續參與這個過程，因為真相是，如果沒有完成整個過程，剔除飲食法不會告訴你太多信息。

　　我在本書中為你設計了問卷和測驗，那些一定會幫助你定義你所擔心的領域，而工具、提示、專業資訊則讓你可以自己動手，以自己的方式回復健康。你將會找到：

- 有價值的資訊，明白你落在炎症譜示上的哪個位置，這將會決定你應該要奉行兩個剔除路線中的哪一個。
- 客製化的藥用食品和療法，從源頭解決你的症狀，井然有序地安排在你的個人化工具箱之中。
- 從頭到尾逐步引導，因此你永遠不會不確定該怎麼做。
- 操作指南，協助建立一份由食物構成的個人化生活清單，提供你最滋養且最具療效的食物。
- 最重要的是，全新層次的身體智慧以及如何好好活出未來的嶄新視角，一切完全客製化，根據你的需求、目標、渴望、夢想。

　　你以前從來沒有在哪一本書裡體會到像這樣的經驗。

　　雖然我的確認為有些食物對誰都沒有好處（例如，我不會向任何人推薦含有高果糖玉米糖漿等添加劑的垃圾食品，或是內含反式脂肪的食物），但在「全食物」（whole food）*、真正的食物世界裡，適合你的最終膳食，其實事關你獨一無二的生物化學特性、遺傳基因、個人偏好以及腸道微生物的平衡。我已經見識到，在某人身上運作得出色精彩的「最健康」的真正食物，卻在下一個人身上引發炎症，而本書中的這份剔除飲食計畫，則是你找到個人食物處方的關鍵。

　　那意謂著，你終於可以結束令人沮喪的搜索，不再尋求「完美的飲

---

* 譯註：天然完整、未經加工精製的食物。

食」。我絕不會告訴你，為了健康，每一個人都應該吃素或是奉行生酮飲食。我絕不會做出廣泛、籠統的聲明，宣稱每一個人每天都應該只吃蔬食，或是想當然耳地認為，每一個人都應該是食肉動物。儘管我的第一本著作《生酮食譜》（*Ketotarian*）是生酮蔬食指南，但我們每一個人終究是不一樣的，這就是為什麼我在《生酮食譜》一書中要區分純素者（vegan）、蛋奶素者（vegetarian）、魚素食者（pescatarian）在生酮選項上的差異。即使是談到蔬食、生酮或任何其他飲食法的典範，那些飲食中的最佳食物選擇也是因人而異。如果你喜歡以某種方式進食，那很好！但你真正選擇哪些食物，卻需要一丁點的自知之明，《抗炎體質食療聖經》將會幫助你取得那樣的知識並根據那樣的知識採取行動。

　　這是《抗炎體質食療聖經》的美。我將會幫助你發現適合你的一種飲食方式。無論你偏愛享用蔬食、生酮、古式飲食（Paleo diet）或是地中海餐點，還是吃著衷心渴望的不管什麼鬼食物，你都可以找出哪些食物對你有用，哪些食物不是以令人愉悅、營養、美味尤其是可行的方式為你效勞，從而臻至更優的健康狀態，讓炎症譜示悄悄回到容光煥發的全人健康位置。我相信，食物和全人健康應該是既好玩又有魔力的，而我試圖將這點傳達給我的患者、表現在我的著作裡：《生酮食譜》是蔬食與生酮飲食的煉金術，而《抗炎體質食療聖經》則是從「食物困惑」（food confusion）蛻變成「食物自主」（food freedom）。

　　我們從事功能醫學，明白健康是複雜而動態的力量。看似吃著垃圾食物的某人可能擁有容光煥發的健康，因為正向的影響，包括壓力小的生活型態、有支持力的社會團體、大量的運動鍛鍊。另一個人可能吃得像某位健康搖滾明星，每天不斷喝康普茶、吃羽衣甘藍沙拉，但卻可能枯萎凋謝，因為孤獨或壓力過大，那足以引發嚴重的健康問題。即使我們將焦點完全局限在食物上，一個人的健康食品可能導致另一個人發炎——你吃的羽衣甘藍可能害另一個人出現消化問題，而你的朋友似乎不計後果享受的黑巧克力可能為你帶來偏頭痛。因此，飲食教條過時了，在此沒有地位。

投入功能醫學界的我們不那麼認為，我們仔細打量處在環境背景中的人們，看見他們目前運作得如何，同時評估整個大局：他們吃什麼，他們怎麼活，他們的存在的每一個層面如何在身體上、情緒上、靈性上衝擊他們。我的目標是，以「你」的人生為背景，幫助你發現最能滋養和滿足你個人需求的食物、生活習慣和其他療法，促使你主動邁向健康。這是屬於你的大局掌握法，而且首先要從好好正視你如何生活開始。

藉由個人化的研究，客製化的剔除過程，加上清晰、有組織的食物重整，這套《抗炎體質食療聖經》計畫可以幫助任何人發現，食用、攝取、嘗試、執行什麼可能會變得最好和最糟。它解決了生活型態選擇與健康需求之間的內部爭鬥，回答了那個終極的問題：「『我』到底需要什麼呢？」讓我們好好照亮你的個人健康之路吧。

第1章

什麼害你身體慢性發炎？

　　每一個人都有粗略相同的輪廓、相同的外在肢體和內部器官、發生在內的相同基本流程。我們的心臟呼呼跳，我們的血液流遍靜脈和動脈，我們的肌肉屈曲和伸展，我們的骨頭將我們撐立起來。然而，每具身體生物化學特性的微妙波動卻是這個個體獨一無二的。

　　這樣的變異性，有些與遺傳學（DNA中獨一無二的一組變化）和表觀遺傳學（生活型態和環境如何影響你的基因表現）有關，有些與腸道細菌的平衡和多樣性、免疫系統的調節、激素的波動、任何特定時刻的炎症水平有關。事實上，導致你發炎的原因可能與導致另一個人發炎的原因完全不同，而且炎症如何影響你的健康和功能運作也是獨一無二的。

　　所有這一切與更多的東西是相互連結、相互影響的，創造出複雜且不斷變化的奇蹟，也就是與眾不同的你。你不同於其他任何人，在一兆個微小的面向。你有你獨一無二的優勢和挑戰。有些日常因素（食物、活動、念頭）使你感覺很讚，其他日常因素則令你覺得很糟。你也可能有你自己的一套症狀——也許你容易偏頭痛、疲憊、關節疼痛、起疹子或焦慮。也許你容易有消化問題，你的激素失衡，或是很難減重。這些課題中，每一個都與你的健康相關連，可能受到多方影響，不只是因為你的遺傳和微生物群落，更因為你吃什麼、如何移動、如何過生活——甚至是如何思考。

　　你做的每一件事，要麼增加你的健康，要麼減損你的健康——而且許多時候，那意謂著，你做的「每一件事」，可能增加炎症或減少炎症。但對你來說，所謂你是獨一無二的，到底有什麼用啊。促使你更健康或更不健康的原因，未必與促使另一個人更健康或更不健康的原因相同。你是個多麼美麗的拼圖啊！

　　這個有其獨特形狀的拼圖，被稱作「生物個體性」（bio-individuality）。由於體認到生物個體性是功能醫學的基礎層面之一，且身為功能醫學執業人員，我知道，關於你和你的健康，生物個體性是唯一最威力強大的信息來源。我每天在我的患者身上看見生物個體性演出。當我的患者找到門路來我這裡看診時，他們大部分吃喝的東西都已經明顯優於標準的西方飲食。在他們發現功能醫學時，早就已經讀遍了全人健康的文章，也已經踏上自己的健康旅程好一陣子了。無論可能仰賴什麼飲食，他們多半吃著真正的全食物。然而，儘管懷抱健康的意圖，但他們卻都是帶著某種程度的健康功能障礙來找我。一部分原因在於，他們當時吃的飲食對他們來說並不是以最理想的方式運作著。

　　飲食產業仰賴的觀念是：某些飲食對某些人來說非常有效。也因此，你看見許多的著作、文章、部落格貼文探討著下一個「奇蹟膳食」，那件唯一的東西終於幫上忙。但某人發現那件「唯一的東西」有效，是因為剛好適合那個人——剛好在生物個體性方面適合當事人。你是否注意到那些電視廣告中的小字寫著「成果因人而異」（Results not typical）？如果其他人試圖複製那些結果，他們可能會失敗，因為他們的那件「唯一的東西」八成是不一樣的——也許是截然不同的。也許與廣告宣傳的內容完全相反。他們的拼圖有完全不同的一塊塊碎片。

　　一個人的食物藥膳是另一個人的食物問題。生物個體性是箇中原因。如果沒有覺察到自己對什麼不耐或是對什麼

敏感，你可能會不知不覺地吃著某樣食物，甚至是每天吃，而那正在加重你的症狀、增加你的炎症或是使你愈減愈肥（也許三項你全包）。你可能相信這樣食物對你來說是有益健康的，但許多「健康食品」可能會在某些人身上起反應。這是生物個體性在起作用。

食物過敏、不耐性、敏感性：有什麼區別？

　　我們的世界在極短的時間內經歷了快速的變化。與人類存在的總時段相較，我們現在吃的食物、我們飲用的水、我們種植莊稼的貧瘠土壤，以及眼前被污染的環境，全都是相對較新的。目前的研究緊盯著我們的DNA與周遭世界之間的不協調，認為這是慢性炎症性健康問題的主要驅動因子。人類大約九九％的基因在一萬年前農業發展之前就形成了[1]。由於這樣的不協調，我們看見人們對食物起反應，而這是人類歷史上前所未見的。

　　對食物起反應有三個主要原因：過敏（allergy）、不耐性（intolerance）或敏感性（sensitivity）。人們時常混用、混淆或錯用這些術語，我們來好好看一下三者的差異。

- **食物過敏**：這些涉及免疫系統，引發最直接且可能最嚴重的回應。過敏反應的症狀可能包括起疹子、搔癢、蕁麻疹、腫脹，甚至是過敏性休克（anaphylaxis，這是呼吸道腫脹，可能致命）。

　　本書的「個人化計畫」，並不是為了發現這類威脅生命的食物反應。我

的目標反而是幫助讀者發現，你是否有下述這兩種食物反應性的其中一種，那可能會導致炎症：

- 食物不耐性：與過敏不同，這些不是直接涉及免疫系統。而是，當你的身體無法消化某些食物（例如乳製品），或是當你的消化系統被食物刺激時，就會出現不耐性。這些通常是酶（enzyme）缺乏造成的。

- 食物敏感性：這些是免疫媒介型（immune-mediated），很像過敏，但食物敏感性造成的反應是比較延遲的。你可能可以消化少量的那樣食物，沒有問題，但消化過多，或是每天吃那樣食物可能會逐漸增加你的發炎症狀，最後導致健康開始受損。

食物不耐性和敏感性的症狀包括：

- 腹脹
- 偏頭痛
- 流鼻水
- 腦霧（brain fog）*
- 關節或肌肉疼痛
- 焦慮或抑鬱

- 疲憊
- 搔癢、起疹子
- 心悸
- 類流感症狀
- 腹痛
- 腸躁症

生物個體性與生活型態

制定飲食策略時，生物個體性是關鍵的考慮因素，而且這點不僅適用於食物，也適用於與你如何過生活息息相關的幾乎每一件事：

---

* 譯註：指人的專注力、記憶力、思考理解力退化的現象。

- 鍛鍊。我的部分患者靠著劇烈運動健壯有力——對他們來說，運動鍛鍊不僅對他們的心血管系統有好處，還可以提振心情，降低炎症。對其他人來說，劇烈運動導致疲憊和壓力——對這些人而言，劇烈運動可能會造成炎症，在大自然中輕快地步行、上瑜伽課或是輕柔伸展，這些人的表現就會好上許多。

- 參與社交活動。一個人可以從大量的社交往來，迅速補充腦內啡（endorphin）。社交活動可能對這些人有實質的消炎作用。另一個人可能因為聚會過多而感到壓力重重，某種程度而言，那就造成炎症。有些獨處的時間會讓這些人感覺最為美好。

- 壓力容忍度。有些人對壓力有很高的容忍度，甚至是享受快節奏、充滿挑戰的一天，有些人則容忍度低，需要留心警覺，放緩腳步，花時間拔掉電源插頭，不然就是好好管理生活中比較有壓力的面向。我們知道，壓力容易造成炎症，因此，知道什麼東西讓「你」覺得有壓力是很重要的。

- 免疫力。有些人每次感冒都無法倖免，另有些人幾乎從不曾感到精疲力盡。這可能是由於炎症對你的免疫系統造成的影響——你愈是發炎，就愈有可能生病。

- 環境容忍度。有些人一接觸到污染、化學物質、黴菌、真菌就起反應，另有些人似乎是免疫的。再者，對許多人來說，這些環境毒素可能引起炎症性回應，而身上已有許多炎症的人可能對這些毒素更加敏感。

- 人格特質。玻璃杯究竟半滿還是半空呢？有藝術鑑賞力還是在乎邏輯呢？大家在許多方面都是不一樣的，而那也是生物個體性的一個層面，而且與炎症有關。

傳統醫學方法可以幫助某些人，但幫不了其他更多人解決他們的症狀，或發現他們的健康和／或體重問題的根源，主要原因也是生物個體性。這是因為，靠傳統醫學執業的醫生是在分組和歸類導向的系統中接受訓練，他們不是聚焦在「個人」。

以下是主流醫學診斷和治療疾病的方式：當觀察到許多不同的人具有相同的一般症狀和實驗檢測結果時，這些人的病症就被賦予了某個名稱，例如，甲狀腺功能減退、類風濕性關節炎或抑鬱症。這些名稱是特定的診斷代碼，等於是一組數字和字母。

然後藥物被指定給這些診斷代碼，根據的是：研究結果在很大程度上顯示，那些藥物使實驗結果正常化，減少了某個百分比選定人群的症狀。舉個例子，如果藥物 X 使得五二％症狀符合甲狀腺功能減退的患者減輕疲憊症狀，那麼該藥物就可以成為甲狀腺功能減退的標準處方。

但健康問題不是落入預定的一系列症狀的患者，該怎麼辦呢？推薦藥物無法緩解症狀的其他四八％患者，該怎麼辦呢？這個用藥配對遊戲玩的是概率，所以你可能希望自己是幸運兒之一，但許多人不是。對這些人來說，沒有相關聯的藥物可以治療他們的症狀，所以他們被無助地送回家。對其他人來說，指定的藥物對症狀無效，因為和與藥物起作用的患者相較，他們的致病原因不同。不然就是那個藥可以緩解症狀，但同時造成難以忍受的副作用——有時比原本的症狀更糟！然後還有某些人質疑自己是否真的需要服藥，這些人想要知道，是否有比較自然的方法可以解決他們的症狀，是否有比較有效的方法可以阻止或逆轉病程。

此外，如果你的症狀含糊不清且實驗檢測結果「正常」，該怎麼辦呢？如果你的症狀剛好落入正確的類別，標準藥物有效，可以控制你的症狀，那實在太讚了。但如果你是異數，呈現非典型症狀，或是對藥物起反應，或是，如果你比較感興趣的是治癒病症，而不是用藥品掩蓋症狀，那麼你可能很難因為使用這個傳統醫學模式而得到幫助。

如你所見，定義傳統醫學診斷的規則有許多例外。當主流醫療系統對那些例外的患者沒有效用時，這些人是最常來找我看診的患者。這群人沒有得到被給予的藥物的幫助，不然就是，他們的症狀在主流醫學上無法歸類，或是他們就是沒有得到他們需要的幫助。

　　真正的問題不在於，這人的症狀不符合某個預定的模型。問題在於，這個模式沒有考慮到生物個體性。如果你將五名得到相同傳統醫學診斷代碼的患者，聚集在一個房間裡，五名患者都接受相同的治療，然後個別詢問患者治療情況如何，你八成會得到五種不同的答案，因為這五個人，各個都有不同的遺傳基因、不同的微生物群落、不同的生物化學特性，而且他們看似相似的症狀可能有相當不同的原因。這是一個複雜的畫面。還好，這畫面有一個共同點。

炎症譜示

　　理解炎症，是了解可以如何利用生物個體性改善你的健康狀況的最重要層面之一。當你深入研究我們在今日世界面對的每一個健康問題——焦慮、抑鬱、疲憊、消化問題、激素失衡、糖尿病、心臟病，或是自體免疫性疾病——它們本質上都是炎症性的或是具有炎症的成分。

　　炎症是狡詐的，而且它早就開始在體內醞釀——早在這些疾病變得顯而易見之前許久，當然更不可能被診斷出來。當健康問題進展到足以被正式診斷出來時，炎症通常已經對身體造成重大的損害。舉個例子，自體免疫性腎上腺問題（例如愛迪生氏病〔Addison's disease〕）的診斷需要九〇％腎上腺損壞[2]。許多其他的慢性問題也是如此——必須發生重大的損壞，才能診斷出多發性硬化症之類的炎症性神經問題，或是乳糜瀉（celiac disease）之類的炎症性腸道疾病。

　　發生在這些病症中的炎症發作，並不是一夜之間形成的；它是炎症的最後階段。舉例來說,當某人被診斷出患有自體免疫性疾病時,這人已經經驗到自體免疫性炎症平均大約四至十年了[3]。其他糖尿病和心臟病之類的慢性炎症也是如此。你不會一夜之間變成糖尿病患。你不會無中生有,突然顯化出心臟病。在空腹血糖高到足以確診或是患者心臟病發作之前,炎症已經醞釀多年。我們每一個人都存在於炎症譜示的某個位置,從沒有炎症,到輕度,到中度,再到已經造成疾病狀態的診斷級炎症。

既然知道這點,誰還會等來到這個炎症譜示的最遠端,才針對炎症採取行動呢?在炎症最早期階段,逮捕炎症容易許多的時候,好好照料一下炎症不是更好嗎?

身為功能醫學從業人員,我的焦點在於解決炎症的原因和表現,因為開始關心炎症的時機,其實是在你罹患了某個嚴重的健康問題之前許久。一旦來到診斷階段,通常藥物是提供給患者的唯一選項。我相信我們可以表現得更好。我的執業和這本書是要探討,在炎症造成比較嚴重的問題之前,該先採取哪些前瞻性的步驟來對付炎症。

即使你已經來到了「嚴重」的位置,還是有許多可以重拾健康的事可做。研究指出了許多功能醫學從業人員幾十年來一直要表達的:生活型態和食物對於全人健康或缺乏全人健康影響至鉅,我想要補充的是,生活型態和食物是降低致病炎症的「首要方法」。事實上,研究估計,大約七七%的炎症反應,是由我們至少可以多少掌控的因子決定的——我們的飲食、壓力水平、接觸到多少的污染物——其餘則是由遺傳決定[4]。那意謂著,當下此刻,你有許多事可做,你可以要炎症譜示打退堂鼓,而不是朝慢性疾病邁進。

根據我的經驗,絕大部分的人可以行使的權力都不小。我們現在可以用正向生活型態干預健康的方式,掌控我們的健康。無論那些改變提高我們的生活品質二五%或一○○%,都是在炎症譜示上朝對的方向邁進。你不需要總是重複做著同樣的事，而是期待不同的結果，你需要嘗試新鮮。這是將負面消極轉變成正向積極的唯一方法。

　　你八成正在閱讀本書，因為有一些想要解決的症狀，或是正在對抗某個慢性的健康課題。當你仔細考量生物個體性以及你在炎症譜示上的位置時，這裡有一個簡單的事實可以讓你斟酌細想：造成你體內發炎的因素（某些食物、某些接觸、某些類型的壓力）是生物個體的，炎症在你體內造成的結果（體重增加、疲憊、酸反射）也是生物個體的。不管怎樣，儘管炎症引發許多問題，但它也是一把萬能鑰匙，可以發現生物個體對內部和外在壓力源的反應。關注炎症的好處在於：

1. 炎症來自症狀的「上游」，意謂著，這個炎症可能導致許多症狀或使許多症狀惡化。因此，解決炎症可以連帶降低或消除一連串炎症引發的下游症狀——用一份攻擊計畫解決多重症狀。

2. 炎症也來自某些觸發因子的下游。種種因素的匯合，例如食物反應性、壓力、腸道問題、感染（細菌、酵母或病毒感染）、黴菌或重金屬毒性，而遺傳也常是炎症的驅動因素。冷卻炎症往往讓你的身體得以自行修復原發性功能障礙，消除炎症的原因，自然而然地解決症狀。炎症阻礙了身體自然癒合的能力。如果你能夠發現自己的炎症誘因（引起體內發炎的原因），以及炎症滯留在什麼地方，就可以學會如何找到源頭，澆熄炎症。

　　這是我們解決你的健康問題的方法：客製化你的飲食和生活型態，從而消除你體內促使炎症日漸增長的因子，同時補充你體內對抗炎症的因子，藉此來降低炎症。這個做法可能可以直接解決你的慢性健康問題，而不只是掩蓋你的症狀。

　　如何客製化你的飲食和生活型態呢？我們使用從一套個人化且精心安排的剔除飲食法取得的資訊。

到底什麼是炎症？

炎症（inflammation）是你身體的天然防禦反應。最急性的炎症形式，是受傷部位出現的發紅、腫脹、疼痛，例如刮傷、切傷或踝關節扭傷。炎症是免疫系統的產物。在一次炎症回應中，免疫系統促使促炎細胞湧入損傷部位，以此阻止細菌、病毒、繼發的感染進入。這是你的身體癒合的方式。如果沒有健康、平衡的炎症回應，每一個人都會變成無藥可救。

問題開始於，當炎症失控或與問題不成比例時，炎症在損傷癒合或入侵者被征服之後並沒有離開，或是當身體錯誤地活化炎症以此回應其實不是入侵者的東西。任何這類事情發生時，炎症就變成它自己的問題，且可能在身體的不同區域引發多種症狀，取決於炎症的成因和部位。當炎症沒有適當地消退，持續長時間處於低水平時，叫做「慢性炎症」。在這種情況下，免疫系統可能變得過度敏感兼過度反應，不斷釋放炎性細胞因子，在整個系統內散布炎症。

簡言之，談到健康的炎症回應時，一切都與「金髮姑娘原則」（Goldilocks principle）*有關：你不希望發炎症狀太少，但也不想要太多。你希望炎症在必要時恰好發生，炎症的量與問題相稱，然後炎症在工作完成後就離開。

剔除飲食法將會幫助你發現，哪些食物和行為會在你的體內造成炎症，以及在哪些部位造成炎症。因為炎症在身體特定區域的定位是生物個體的，受到遺傳、活動、過去的損傷、生活型態的選擇，八成還有我們尚未發現的其他因素影響，了解你的炎症易感性（susceptibility）和你在炎症譜示上的

---

* 譯註：出自英國童話《三隻小熊》，意指「恰到好處」。

位置，將會幫助你了解改善炎症的最佳方法。炎症往往出現在八大系統中：

1. 腦和神經系統。
2. 消化道。
3. 肝臟、腎臟、淋巴系統（這些一起構成你身體的排毒系統）。
4. 肝臟、胰腺、細胞胰島素受體部位，這些控制血糖／胰島素平衡。
5. 內分泌系統（腦與激素系統的交流，包括甲狀腺、腎上腺、卵巢或睾丸）。
6. 肌肉、關節、結締組織（肌肉骨骼系統）。
7. 免疫系統，可能轉而與身體為敵，造成自體免疫。
8. 一次許多地方。有些人（事實上，我的許多患者都是這一類）在一個以上的上述區域和／或全身都有炎症，包括通達全身各處的動脈（可能影響心臟和腦）。這可能是由於異常敏感，或是忽略炎症太久。我把這個問題叫做「多炎症」（polyinflammation）。

在這些區域內，炎症各自存在於一份譜示上，從零發炎，到輕度，到中度，到極端——每個系統各有自己的炎症譜示。

下頁圖表讓你看見，任何一區的炎症如何存在於一個連續體（continuum）上，從輕微到極端，以及體內可能大受炎症影響的不同相互連結區。下一章的「七大系統炎症指數測驗」（Inflammation Spectrum Quiz）將會幫助你確定你在這些不同區域的炎症水平，以及每一區的炎症落在炎症譜示的哪個位置，如此，你才能夠瞄準你的問題區，做出飲食和生活型態的改變。

如果你擔心可能會從這個測驗中得到壞消息，請不要害怕——無論你落在炎症譜示的哪個位置，扭轉局面為時已晚的情況少之又少，而這正是我們要做的。採用一套進階且個人化的剔除飲食法，降低飲食和生活型態中的炎症觸發因子，你很快就會得知，到底需要做些什麼，才能逆轉你在炎症譜示上的方向。

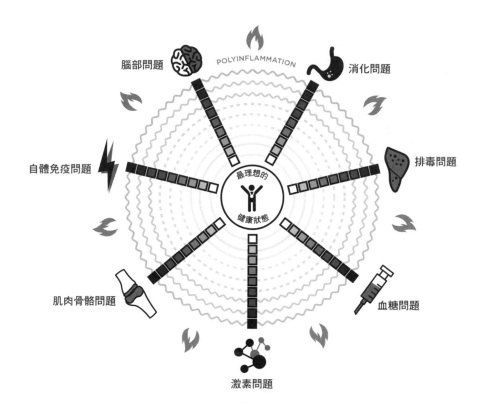

炎症譜示實驗檢測

　　除了你將在下一章進行的測驗之外，另一種衡量你此刻炎症水平的方法是透過檢測。以下是我為我的患者執行的一些實驗檢測，以求全面了解他們在炎症譜示上的位置。雖然不需要取得任何的實驗檢測就可以開始處理炎症，但在開始你的療癒旅程之前，你可以要求你的醫生先進行部分或所有這些實驗，取得炎症的基線評估。拿到這些額外的資訊，可以使你有動機堅持到底並取得進展。功能醫學醫生可能是某些這類實驗的最佳來源，因為這類檢測的全面性，勝過傳統醫學設定的標準（我為全球各地的人們執行並詮釋這些實驗）。

- **高敏感度CRP（hsCRP）**：C反應蛋白（CRP）是炎症蛋白，這項檢測將會讓你看見，你有多少C反應蛋白。高敏感度CRP檢測也是量測另一種促炎蛋白IL-6的替代實驗。兩者都與慢性炎症性健康問題有關。最理想的範圍是1 mg/L以下。檢測值偏高是心臟病的危險因子，也可能促成許多其他奠基於炎症的健康課題。

- **同半胱氨酸（homocysteine）**：這種炎症性氨基酸與心臟病、血腦屏障壞損、失智症有關。在與自體免疫問題奮戰的患者身上，這個數值也普遍偏高。在功能醫學中，這個數值的最理想範圍是小於7 μmol／L。

- **鐵蛋白（ferritin）**：這個實驗通常用於檢查儲存的鐵含量，但含量高也可能是炎症的徵兆。男性最理想的鐵蛋白範圍是：33-236 ng/mL；停經前的女性是：50-122 ng/mL；停經後的女性是：150-263 ng/mL。

- **微生物群落（microbiome）實驗**：這組檢測可以幫助評估腸道的健康狀況，其中約有八〇％的免疫系統屬於這一類。仔細觀察細菌和酵母過度生長以及炎症性標誌物，例如鈣衛蛋白（calprotectin）和乳鐵蛋白（lactoferrin），我們就可以評估以腸道為主的炎症。

- **腸道通透性（intestinal permeability）**：這項血液檢測查找，斷定腸壁完整性的蛋白質抗體（閉鎖蛋白〔occludin〕與解連蛋白〔zonulin〕），以及可能引起全身性炎症的「脂多醣」（lipopolysaccharide）細菌毒素。

- **多重自體免疫反應性實驗**：這組數值讓我們看見，你的免疫系統正在製造抗體，對抗身體的多個不同部位，例如腦、甲狀腺、腸道、腎上腺。這些實驗並不是要診斷自體免疫性疾病，而是要尋找可能導致異常自體免疫性炎症活動的證據。

- **交叉反應性實驗**：這組檢測可以幫助某些麩質敏感型患者，這些人已經執行了無麩質飲食且食用「原形食物」（clean diet），但卻仍有消化問題、疲憊、神經病症之類的症狀。就這些案例而言，相對健康的食物蛋白質——例如無麩質穀物、雞蛋、乳製品、巧克力、咖啡、大豆、馬鈴薯——可能會被免疫系統誤認成麩質，引發炎症。對免疫系統來說，就好像這人從來沒執行過無麩質飲食。

- **甲基化基因（methylation gene）實驗**：甲基化是一條生化高速公路，調節健康的免疫系統、腦、激素、腸道需要的許多功能。甲基化是一個在你的身體內每秒發生大約十億次的過程，如果你要好好運作，甲基化就需要好好運作。甲基化基因突變，例如MTHFR（Methylenetetaphydrofolate reductase）亞甲基四氫葉酸還原酶，與自體免疫性炎症關係密切。舉個例子，我的MTHFR C677t基因有雙重突變；這意謂著，我的身體不善於操縱一種名叫「同半胱氨酸」的氨基酸，那可能會在某些人身上引發炎症。我的父母兩方家族也都有自體免疫性疾病，那是一面紅旗，顯示我需要更加小心自己在炎症譜示上的位置。你無法改變你的基因，但因為知道自己的遺傳缺陷，你可以特別注意維持身體內的特定流程，盡可能減少危險因子。

- **大麻素基因（Cannabinoid Gene）CNR1（Cannabinoid receptor 1）rs1049353**：我們的內源性大麻素（endocannabinoid）系統調節一切大小事，從睡眠、食慾、疼痛、炎症、記憶、情緒到繁殖。大麻素基因CNR1 rs1049353是這個系統中的重要基因，而且這個基因的變化與食物敏感性和自體免疫性炎症課題，有顯著的相互關連性。研究指出，腸道神經系統是CB1（Cannabinoid receptor type1）大麻素受體分布的主要部位[5]。

- **載脂蛋白E4型（APOE4）和載脂蛋白A2型（APOA2）**：這些基因的變異體影響人體如何代謝飽和脂肪。對這些基因變異體來說，食用飽和脂肪含量較高的食物，分別與炎症性健康問題和體重增加有關聯。

具有這些基因差異的人們，應該要限制或避免食用例如乳製品、紅肉、蛋、椰子產品，以及其他飽和脂肪含量較高的食物。應該將焦點改放在酪梨、橄欖、堅果、種子之類的植物脂肪上。

這個計畫可以為你做些什麼？

下一章的「炎症譜示測驗」將決定你的「炎症概況」（Inflammation Profile），那會為你闡明，你體內的哪一區反應最為激烈，以及你落在炎症譜示上的哪一個位置。一旦知道自己落在哪裡，你就會好好奉行專門為你的特定測驗結果量身訂製的「剔除飲食」（elimination diet），如此一來，你可以開始主動降低炎症。如果你的炎症是輕微的，你將會執行簡化的核心4（Core4）路線。如果測驗結果是極端的，或是多區居高不下，你就會執行比較進階的剔除8（Elimin8）路線。你還會得到針對你的特定發炎區製作的工具箱，搭配特殊的藥膳、治療方法、提示和竅門，從各個角度瞄準和攻擊你的炎症。

好好奉行為你開立的剔除計畫之後，你的炎症一定會明顯降低。這時候，你可以將你所剔除掉的食物帶回來，一次一項，看看在如此炎症明確降低的狀態下，你是否還會對這些食物起反應。然後你終於知道，什麼食物害你起反應，什麼食物不會。

以下總結你將要執行的事項：

1. 做「炎症譜示測驗」，根據症狀決定發炎的位置，那些區在炎症譜示上的嚴重程度，哪一區應該是你用剔除計畫介入的目標，以及你該執行哪一個路線：核心4或剔除8。

2. 好好了解每一個人（暫且）都要剔除的核心4食物，以及如果測驗結果建議你需要更強力介入，你就要接著（暫且）剔除的另外四種食物。不論炎症發生在什麼地方，這些都是我最常發現引發炎症的食物。

3. 得到一份清單，載明要避開的八種有害健康的生活習慣，以及具體的資訊，看看如何將這些生活習慣逐漸撤出你的生活（然後用好玩的事物取代）。

4. 收到一份為你的特定測驗結果提供的個人化工具箱，其中包括安全且具療效的食物藥膳，用來治療你的特定發炎區，以及標靶治療法——例如草藥、補充劑、身體鍛鍊、落實生活型態——那是我專為你的一系列症狀和主要發炎區推薦的東西。

5. 啟動你的計畫，每天從清單中剔除一項食物，在四天或八天結束時，「逐步縮減」至完整的剔除飲食模式（取決於你到底是執行基本的核心4路線或進階的剔除8路線）。

6. 根據測驗成績，沉浸在四或八週感覺極其美好的抗炎生活週之中，不受曾經使你沮喪的食物和習慣影響。我一定會週週陪你過關，帶著支持、鼓勵、可做的好玩事、美味的餐點，乃至更多在療癒和修復時可以支持你的身體的方法。不要擔心被剝奪或食物無聊乏味——你一定有許多事可做，許多東西可吃。你會得到方便的替代品，取代即將放棄的一切，還有大量可以享受的美食，所以，你可能想念的任何東西，都一定將會被使你感覺更加美好的其他東西所取代。

7. 進入「重新整合」階段，透過使用一套有系統的重新引進系統，將已經剔除的食物帶回來。你將會學到如何測試每一種食物，以什麼樣的順序、用多少數量，以及如何追蹤任何症狀復發。

8. 運用你的「重新整合」結果，建立你的個人化生活清單，包括可以享用的安全食品以及可以拋諸腦後的食物，根據你已療癒和已修復的程度，以及你現在知道哪些食物可以滋養你，哪些食物仍然會造成發炎。這一定會讓你能夠在新的健康層次上向前邁進,可以繼續積累和維護,擺脫飲食教條和吃哪些食物真丟臉。這依據的是你的身體(而且只有你的身體)透過這個個人化的過程傳達給你的信息。

計畫背後的精神

當我們談論正在剔除的食物一段時間時,重要的是要記住,當初為什麼要這麼做。飲食失調就像「健康食品癡迷症」(orthorexia)——強迫性焦慮,聚焦在達成飲食和健康習慣的完美——實在是太過普遍了,尤其是正在經歷真正健康問題的患者,他們正在設法找出如何才能感覺比較好。這個計畫的重點不在於設限、羞恥或自我憎恨,也不是企圖藉由不給食物來懲罰你的身體。那類教條式飲食意識與我的工作(和這個計畫)所探討的一切是對立的。你無法治癒你所憎恨的身體。由於自我尊重,才會湧現做出健康抉擇的渴望,以及曉得你的身體需要什麼才能茁壯成長的覺知。利用這段時間為自己帶來些許平靜,帶著你的身體回歸中心,給予自己恩典、輕盈、寬恕,也許這是你生平第一次。《抗炎體質食療聖經》的核心談的是愛你的身體,愛到足以用美味、具療效的食物滋養它。這本書談的是關心自己,關心到足以找出你的身體喜愛哪些食物,然後享受那些食物。知道哪些食物令你覺得不舒服且有意識地避開那些食物,那不是懲罰,而是自愛的行為。

那些 8 是怎麼一回事?

假使你沒有注意到,本書到處都是8,包括:八週計畫的剔除8路線(專門提供給落在炎症譜示高檔區的患者)、八個炎症區域、每一個工具箱中有八個項目、全書有八章等等。叫我書呆子吧,但我被古人的智慧迷住了。我學到的事情之一是：8背後的古老意義，它象徵比自然秩序及其局限高出一步（7是圓滿完成的數字，8是超越極限）。在我研究本書資料的過程中，數字8不斷迸出來。起初並不是故意的——我意識到我常在人體內見到八種主要的炎症顯化方式。我通常執行我的剔除飲食法至少八週（較輕微的病例則四週）。我通常奉勸患者戒除掉的生活習慣有八種，我想要撰寫的篇幅是八章。8感覺上很適合這本書——甚至是靈性上的。8代表的是超越自我局限的自由，而這個計畫談的是找到你獨一無二的路徑，臻至那份自由——當我們感覺最好、看起來最好、散發著全人健康的光芒時，就會出現難以形容的清新氣息。要找出什麼對你的身體有效、什麼無效。本書是你一勞永逸地取回自身健康的手冊。你是否準備好要更加理解自己的身體，藉此更加學會如何讓自己回歸正軌，為你的人生取得食物和身體的平靜與自由？就讓數字8成為你的嚮導吧。

第2章

檢視個人的炎症現況

　　既然你已經澈底認識了生物個體性和炎症，代表時候到了，該把鏡子轉過來照照自己，釐清炎症根源於你身體系統的哪個地方，以及你在炎症譜示上的位置。你有不舒服的症狀嗎？例如減重抗性、關節疼痛、腦霧、皮膚問題或情緒波動？你有消化問題或不可抗拒的渴望進食嗎？你的醫生是否告訴你，你有異常的實驗檢測數據，例如高膽固醇、高血壓或高血糖？無論是否曾被診斷過，你目前感受到的每一個負面健康課題都有一個理由。理解你為什麼會有這些症狀的關鍵，是你的「生物個體的炎症概況」（bio-individual inflammation profile）。功能醫學也被稱為系統醫學（systems medicine）。炎症可能發生的八個系統中，你的問題會出現在哪一個系統呢？我們將會找出答案，先讓我們回顧一下那些可能性。當你閱讀這八個系統中每一個系統的內容時，請仔細想想，哪些可能與你現在遇到的症狀和健康課題有關：

1. 腦和神經系統，尤其是當炎症已經造成更具滲透性的血腦屏障（所謂的腦漏症〔leaky brain syndrome〕，類似於腸漏症），或是引發腦霧、抑鬱、焦慮、注意力不集中、記憶力差，或是整體的不適感。

2. 消化道，包括胃和小腸與大腸，造成消化問題以及腸壁「滲漏」或更具滲透性，而後者（腸壁問題）最終可能導致全身性炎症，乃至自體免疫性疾病。便祕，腹瀉、胃痛、腹脹、心口灼熱只是其中幾個症狀。

3. 排毒系統，由肝臟、腎臟、膽囊、淋巴系統的協同作用構成。當排毒系統發炎時，就無法有效地處理廢物，意謂著，廢物可能積滯在系統之中，進一步加重炎症、疼痛、腫脹，例如，當你的手臂、雙腿、腹部看起來比平時更大時，你有一種全身不舒服或疼痛的感覺，不然就是經常起疹子。

4. 血糖／胰島素系統，由肝臟和胰腺以及細胞的胰島素受體部位所支配。當炎症襲擊這個系統時，你可能會體驗到血糖不穩和胰島素過量，最終可能導致代謝症候群、糖尿病前期或第二型糖尿病。不受控制的飢餓和口渴以及體重突然快速增加或減重抗性，這些都是症狀，此外，你可能會在醫生的診所測得很高的空腹血糖值。

5. 內分泌系統，由腦與（產生激素的）腺體的交流溝通構成。炎症可能襲擊這個系統的任何部位，大大影響甲狀腺、腎上腺、性腺（卵巢或睪丸）的激素，造成各式各樣的症狀──從頭髮稀疏、肌膚乾燥、指甲脆弱，到焦慮或情緒波動，再到月經不調或性慾低下──因為激素控制全人健康的許多層面。

6. 肌肉骨骼或結構系統，包括肌肉、關節、結締組織。這個系統中的炎症可能引發關節疼痛、肌肉疼痛、關節僵硬、纖維肌痛（fibromyalgia，這個病症往往與自體免疫相關連）、一般的疼痛感等等。

7. 免疫系統（也就是支配炎症的系統）可能過度反應同時攻擊身體的器官、組織或結構。這叫做「自體免疫」（autoimmunity），可能發生在炎症轉趨嚴重的時候。自體免疫可能會大大影響身體內的每一個系統，尤其是消化系統（例如乳糜瀉或炎症性腸道疾病）、腦和神經系統（例如多發性硬化症）、關節和結締組織（例如類風濕性關節炎、狼瘡）、甲狀腺（例如橋本氏甲狀腺炎〔Hashimoto's thyroiditis〕）以及炎症性皮膚病。

8. 多炎症（polyinflammation），這意謂著，你不只一個區域發炎——當炎症不知不覺地暗中進展時，這情況時常發生。

你可能已經有一或兩個想法，知道你的主要發炎區可能是怎麼一回事，但是，且讓我們用比較客觀的方式找出答案。我們來精確地看一看，過去幾個月，你身上哪些區域受到最嚴重的影響。這個測驗將會詢問，你在上述每一個區域裡有哪些症狀。勾選所有符合的選項。完成後，我會幫你評定測驗得分，以判定炎症在哪些區域造成最多的問題。

七大系統炎症指數測驗

這個測驗將會幫助你斷定，炎症在哪些部位製造最多的麻煩。這並不意謂著要替你做診斷，而是要確定你在炎症譜示上的位置，以及你的剔除計畫的重點在哪裡，以便決定哪一個路線和工具箱適合你。針對每一個系統，根據「過去一到三個月內」，你體驗到描述症狀的頻率來回答。如果你曾有過某個問題，但現在沒有了，請不要勾選那一格。炎症可能會轉移，何況從前的炎症模式可能已經解決了。一旦知道目前炎症的活躍區在哪裡，你的剔除飲食計畫就可以幫助你解決這些問題。

1. 腦與神經系統炎症評量表

	從不 0	很少 1	有時 2	常常 3	非常頻繁 4
你是否比平時更健忘？掉東西、錯過約定的時間、或是忘記你正在做什麼事或說什麼話？					
你是否無緣無故地感到沮喪？對過去喜愛的事物失去了動機和興趣？					
你是否比平時更焦慮或擔心？你是否焦慮或恐慌發作？或是感覺到一股籠統、不斷出現的心神不寧或不祥預感？					
你是否有「腦霧」？或是，比平時更難以全神貫注和集中神或堅持完成一項任務？					
你是否經驗到無法解釋的情緒波動？					
你說了無意說的話，或是叫錯名字，而且總是在話說出口或別人指出時才注意到？					
你有感官問題嗎？也就是說，你目前正以對你來說有別於正常的方式體驗聲音、光線或觸覺嗎？					
你是否已被診斷出（或是你懷疑自己有）輕度認知衰退，且／或你是否有失智症的家族史？例如阿茲海默症？					

腦和神經系統炎症得分：＿＿＿＿＿＿＿＿

2. 消化系統炎症評量表

	從不 0	很少 1	有時 2	常常 3	非常頻繁 4
你是否時常腹脹或脹氣？且／或你的肚子在進食後或兩餐之間是否會膨脹到看起來像懷孕？					
你是否有腹瀉？或是難以控制或突然出現的稀溏水便？					
你是否患有便祕？或是超過二十四小時沒有排便？或是排放的糞便又乾又硬，難以通過肛門且酷似小彈丸？					
你是否經常交替性腹瀉和便祕，不是正常排便（正常排便是指：糞便堅實但柔軟且容易通過肛門）？					
當你太久沒進食且／或晚上沒進食，進食後會出現心口灼熱或胃食道逆流嗎？					
你的舌頭是否覆蓋著看起來模糊的舌苔？且／或即使你落實良好的口腔衛生習慣，還是有慢性口臭？					
進食後，你會胃痛或胃痙攣嗎？或是感到噁心或想吐（無論你是否能夠將這個症狀與任何特定的食物聯想在一起？）					
當你經驗到緊張、恐懼或焦慮之類的極端情緒時，是否會感到胃部不適或其他的胃部症狀（例如脹氣、腹脹或腹瀉）？					

消化系統炎症得分：＿＿＿＿＿＿＿＿＿＿

3. 排毒系統炎症評量表

	從不 0	很少 1	有時 2	常常 3	非常頻繁 4
你是否容易保留水分，且／或感覺好像你的身體在某些日子看起來龐大許多，在某些日子看起來嬌小許多、緊緻許多，如此的過於極端或突然與脂肪的增加或減少有關連嗎？假使用手指頭壓小腿，拿開後，小腿該處是否會凹陷幾秒鐘？					
從早到晚，或是從某天到隔天，你的體重波動超過二‧二公斤嗎？					
你是否曾被診斷出患有黴菌毒性、萊姆病（Lyme disease）或病毒感染之類的慢性感染？					
你是否隱約有一種「中毒」的感覺，即使無法明確說出任何特定的症狀？					
你有沒有注意到，你的皮膚或眼白微微泛黃？					
你是否有似乎與進食無關的腹部壓痛，尤其是在軀幹右上區*，或是擴散到你的上背部或肩膀？					
你的尿液是否容易呈現深黃色？且／或大便是否經常漂浮？					
你的雙手和／或雙腳上有不明原因的搔癢、脫皮或起疹子嗎？					

排毒系統炎症得分： _____

---

* 譯註：肝臟所在位置。

4. 血糖／胰島素系統炎症評量表

	從不 0	很少 1	有時 2	常常 3	非常頻繁 4
你是否渴望含糖或澱粉類食物，即使你已經吃夠了或是感覺飽了（例如吃過大餐後，或是兩餐之間時間太短）？					
你是否注意到最近食慾增加且／或經常口渴且排尿增加？					
你是否出現視力模糊？時好時壞，時有時無？					
你是否異常疲倦，即使有足夠的睡眠？而且你注意到，吃東西可以緩和你的疲憊？					
當你幾小時沒有進食，或是跳過一餐沒吃時，是否感到頭重腳輕、頭暈目眩、搖晃、緊張、煩躁或「餓極成怒」（hangry，結合 hungry 和 angry 二字）？					
你的腰圍是否等於或大於臀圍？					
你是否仍舊很難減重？即使減少卡路里且／或運動鍛鍊。					
你是否檢測過空腹血糖，數值是 100 dl/ml 或 更 高，且／或你是否檢測了糖化血紅蛋白（hemoglobin A1C），且數值是 5.7 或以上，且／或你是否已被診斷出罹患糖尿病前期、代謝症候群或第二型糖尿病？					

血糖／胰島素系統炎症得分：＿＿＿＿＿＿＿＿＿

5. 激素（內分泌）系統炎症評量表

	從不 0	很少 1	有時 2	常常 3	非常頻繁 4
你是否容易在下午出現疲憊和／或頭痛，然後晚上又精神好起來，造成你熬夜到很晚？					
當你突然站起來，會頭暈目眩嗎？					
你時常渴望鹹的食物嗎？					
即使環境溫暖，你也時常手腳冰冷嗎？					
你是否睡得過多，或是覺得好像可以睡一整天，然後晚上還是繼續睡？					
你整條眉毛的外側三分之一是否薄而稀疏，或是缺失不見？					
你的性衝動消失了嗎？你是否很少「有那個心情」？					
女性而言：你目前是否月經不規則、疼痛或是流量異常大？ 男性而言：你最近是否體驗到任何新出現的勃起功能障礙？					

激素（內分泌）系統炎症得分：＿＿＿＿＿＿＿＿

6. 肌肉骨骼系統炎症評量表

	從不 0	很少 1	有時 2	常常 3	非常頻繁 4
你是否關節疼痛？週期性、不斷地或劇烈地疼痛，位置不定，疼痛來來去去，似乎與受傷無關？					
你是否容易關節過度活動（hypermobile）？「雙重關節」（double-jointed）？或感覺關節超靈活？					
你是否容易發生意外？時常扭傷腳踝？失足或跌倒？或是掉東西？你認為自己笨手笨腳嗎？你時常傷到肌腱和／或韌帶嗎？					
你的關節是否不斷地砰砰響、劈啪響、咯嗒響？或是卡在某些位置？					
你是否因為關節和／或肌肉僵硬和／或疼痛而醒來，但運動可以舒緩那種僵硬，結果卻發現，活躍的一天結束時，狀況又再度復發？					
你有慢性頸部或背部疼痛、緊繃、緊張嗎？					
你的雙手和雙腳有針刺感、隨機刺痛、和／或麻木無感覺嗎？或是整隻胳膊或整條腿劇烈刺痛？					
按摩會痛嗎？尤其是雙臂、腿部、臀部？					

肌肉骨骼系統炎症得分： ＿＿＿＿＿＿＿＿＿＿

7. 自體免疫系統炎症評量表

	從不 0	很少 1	有時 2	常常 3	非常頻繁 4
你現在會對某些食物產生明顯的極端反應嗎？或是在進食後產生明顯的極端反應呢？（例如嘔吐、腹瀉、疼痛、皮膚反應，或是腦霧或恐慌發作之類神經系統症狀）					
你是否不耐冷或熱，且／或手或腳遇冷就變青變灰？且／或皮膚、嘴巴或眼睛異常乾燥？					
你是否有自體免疫問題的家族史，例如類風濕性關節炎、狼瘡、多發性硬化症、乳糜瀉、炎症性腸道疾病／克隆氏症（Crohn's disease）或橋本氏甲狀腺炎？					
你是否經常兩側（身體兩側的同一個位置，例如雙手、雙肘、雙膝、和／或雙腳）關節疼痛和腫脹，且／或麻木和刺痛？					
你的臉部或身體是否有不明原因的疹子、慢性痤瘡，或反覆發作的疔瘡或囊腫性痤瘡？					
你是否有極度的、不斷的、持續的疲憊，無法藉由睡眠、飲食或其他療法緩解？					
你是否有不明原因的肌肉無力，或者你是否注意到，你經常拖著腳走路或是經常掉東西？					

	從不 0	很少 1	有時 2	常常 3	非常頻繁 4
上述任何一種症狀都是偶發的、突發的，有時候發作到極致，然後沉寂一段時間，結果幾天、幾週乃至幾個月後卻又再度復發？					

自體免疫系統炎症得分：＿＿＿＿＿＿＿＿＿＿

若要確定你的測驗總分，請加總所有得分。把那個數字寫在這裡。你很快就需要參照這個數字：

你的測驗總分：＿＿＿＿＿＿＿＿＿

 ## 多炎症評量表

我們處理這個類別的方式稍有不同，因為多炎症並沒有自己的系統，而是集結上述系統。回顧你的測驗答案，檢查一下得分在八分或八分以上的類別：

☐腦和神經系統　　　　☐激素（內分泌）系統

☐消化系統　　　　　　☐肌肉骨骼系統

☐排毒系統　　　　　　☐自體免疫

☐血糖／胰島素系統

如果你勾選的方格多過一個，就應該將自己歸為「多炎症」類別。別擔心——我的許多患者都落入這個類型。那意謂著，炎症在你的系統中分布的比較廣泛，也因此更有理由要採取行動，現在就採取行動吧，趁炎症惡化之前。

得分

下一步是要斷定你的測驗正在告訴你，哪裡的炎症最容易使你的系統惡化，以及這個炎症有多嚴重——換言之，你落在炎症譜示上的哪個位置。你的得分將會決定你要執行哪一階的計畫：核心4路線或剔除8路線。你的得分還會指點你找到適合你的個人化工具箱。

你應該有七個分數，每一個容易發炎的區域都有一個分數；要麼有資格進入多炎症類別，要麼沒資格；還有一個測驗總分，這是七個分數的總和。為了方便參照，請將七個分數複製到這裡：

測驗分數總結

腦和神經系統炎症得分＿＿＿＿＿

消化系統炎症得分＿＿＿＿＿

排毒系統炎症得分＿＿＿＿＿

血糖／胰島素系統炎症得分＿＿＿＿＿

激素（內分泌）系統炎症得分＿＿＿＿＿

肌肉骨骼系統炎症得分＿＿＿＿＿

自體免疫系統炎症得分＿＿＿＿＿

多炎症：你有一個以上的上述類別得分在八分或八分以上？是□　否□

你的測驗總分＿＿＿＿＿

炎症譜示上的每一個獨立系統都存在於一個連續體上，從輕度至重度炎症。以下是你的得分在每一個個別系統中的含義：

0至2分：恭喜你！落在這個區塊，你幾乎沒什麼發炎症狀，目前可能不需要聚焦在這個系統。

3至5分之間：落在這一區塊，你有些炎症，但你的症狀八成還不顯著或不明顯，可能不會對你的生活造成太大的影響。但要小心──我把這一區叫做「偽健康區」（Zone of False Wellness），落在這個區間的人，多數時候覺得相當不錯，絕不會懷疑炎症風暴正在醞釀。如果你不解決自己落在嚴重區塊的炎症，這些「偽健康」區可能很快就會加入嚴重區塊（非常不好玩），然後你的健康一定會衰退。

6至7分之間：炎症在此逐步進展，還不嚴重，但足以得到你的全面關注。然而，這一區塊值得你關注，因為炎症風暴肯定會逐步形成，且開始激怒你的系統，出現某些症狀。

8分或更高：得分為8或8以上是炎症已經大幅進展的區塊。這些應該是你要立即關注的區域。

選擇屬於你的食療路線

有多種方式可以選擇要執行剔除計畫的哪一個路線。以下是如何決定的方法：

執行核心4路線，如果：

- 你只有一個系統得分是8分或8分以上。
- 你的測驗總分是15或低於15分。
- 你只想要以一種比較輕易的方式慢慢體會這個流程，而且你覺得，在人生的這個階段，那對你來說是可行的。

執行剔除8路線，如果：

- 你在兩個或多個系統中得分為8分或8分以上（換言之，你的生物個體炎症概況是多炎症）。

- 你的測驗總分是16分或16分以上。

- 你想要「要麼大刀闊斧，要麼回家等死」，你覺得現在已經準備好，要盡你所能，好好解決你的炎症。

總結一下你的結果：

1. 你的**生物個體炎症概況**是你得分最高的那一區。這會決定你取得哪一個工具箱。將結果記錄如下，假使二或多區並列，那就全部列出來

2. 你的**路線**是你將要執行的計畫，不是核心4，就是剔除8。這將會決定你的食物清單和用餐計畫選項。將你的結果記錄如下。

我的生物個體炎症概況（最需要關注的區域）是：

_____

我的路線是（圈選一個）：核心4 剔除8

　　最後，我希望你列出你最糟的八個症狀。之後你一定會回頭參照這份清單，以此監控自己的進度。你可能有八個以上的症狀，但請選擇現在最嚴重影響你的人生、健康、功能或快樂的八個症狀。現在生活中最困擾你的是什麼呢？頭痛？便祕？關節疼痛？心口灼熱？低能量？焦慮？減重抗性？某個異常的檢測結果？或是別的東西？如果你的症狀少於八個，太讚了！那就列出你最想要解決的問題即可。

我現在最糟的八個症狀

1. _____

2. _____

3. _____

4. _____

5. _____

6. _____

7. _____

8. _____

　　現在知道了你的概況和你的路線，你有了症狀緩解的目標，而且理解了生物個體性。太讚了！從現在開始，談的全都是，在你的掌控下，要重拾健康和贏回人生所要做的每一件事。我們要做的第一件事情是：為你提供個人化的工具箱，讓你擁有採取行動所需要的一切。

第3章

抗炎食療：「核心4」和「剔除8」

時候到了，該要找出你到底要在剔除階段的特定路線上做些什麼，無論路線是核心4路線還是剔除8路線，而且要取得你的個人化工具箱，其中將包含額外的療法，例如，該要關注的特殊食物、該要攝取的補充劑，以及所有解決你的生物個體炎症概況的做法。下一章，我將會更詳細地探討為什麼你要執行目前在做的事，現在先來談談基本要點吧。

抗炎食療一：普通級「核心4」路線

首先，根據前一章的測驗結果，我們來看看，如果你選擇執行核心4路線，該做些什麼。

歡迎來到你的核心4路線

如果你決定執行核心4路線，你的基本計畫將如下所示：

1. 你將要剔除四大類最有可能造成發炎的食物。要做到這點，你要願意在四天期間逐步縮減，每天剔除一種炎症性食物，逐漸適應一種新的飲食方式。

2. 接下來，你要花四週時間，不靠那些食物生活、嘗試新食物、過著抗炎的生活，同時選擇並剔除四種（或更多）炎症性習慣（我會告訴你有哪些），依據的是你認為對你最有問題的東西。

3. 四週後，你將透過具體且有系統的方法，一次一項，重新引進已經剔除的四種食物，以此斷定這些食物當中的哪幾項害你發炎。先安撫好你的系統和你的炎症，然後你將能夠感知到你個人對炎症性食物的真實反應。

4. 最後，根據你從這套剔除飲食計畫中學到的，你將會建立一份個人化的食物生活清單，包含對你有益的食物和該要避開的食物，從而打造健康茁壯的抗炎人生。

可以剔除的核心4食物

你將在為期四天的逐步縮減期間，逐漸剔除這四種食物類別，同時在為期四週的炎症冷卻階段，完全剔除這四種食物類別。這些是最可能在多數人身上引發炎症的食物：

1. **穀物。**你將要剔除所有的穀物（甚至是無麩質穀物）。許多人對所有類型的穀物都會產生炎症反應，而且我們只能用這個方法來斷定你是否是其中之一。那意謂著，從你目前的可用食物清單中劃掉小麥、黑麥、大麥、大米、玉米、燕麥、斯佩爾特小麥（spelt）、藜麥，以及用這些穀物製成的任何食品。

2. **含有乳糖和酪蛋白的乳製品**，包括取自動物的奶、優格、冰淇淋、乳酪、咖啡奶精。這些食物也是炎症的常見來源。雖然你可能可以吃乳製品，但除非剔除掉乳製品一段時間，否則不會確切地知道答案。

3. 各種類型的添加甜味劑，尤其是蔗糖、玉米糖漿、龍舌蘭蜜，還有楓糖漿、蜂蜜、椰棗糖漿、椰子糖、甜菊糖、羅漢果、木糖醇之類的糖醇類，以及添加到食品中以提升天然甜度的其他任何東西。雖然愈是加工過的甜味劑愈有可能在多數人身上引發炎症，但你可能會發現，在重新引進期間測試時，可以將一些天然糖帶回到你的飲食中。或是你可能會發現，添加的甜味劑根本不適合你。為了讓你找出確切的答案，目前先將這些全數剔除。

4. 炎症性油品，尤其是玉米油、大豆油、芥花籽油、葵花油、葡萄籽油、蔬菜油，以及反式脂肪（稱之為「部分氫化」的任何東西）。這些油品經過高度加工，很可能害你發炎。真正的檢測是將它們從你的飲食中取出，之後再重新引進。

抗炎食療二：嚴重級「剔除 8」路線

現在，根據前一章的測驗結果，我們來看看，如果你選擇執行剔除8路線，該做些什麼。以下是你的計畫：

歡迎來到你的剔除8路線

如果你是選擇剔除8路線的搖滾巨星之一（要麼因為你的測驗結果，要麼因為你喜歡不是好好努力，就是回家等死），你的計畫將會如下所示：

1. 你將剔除八種炎症性食物，包括上述列出的核心4食物，加上另外四種對許多人來說經常造成發炎的食物。這是更強力介入你的炎症。你將在八天期間逐步縮減，每天剔除一種炎症性食物，以此適應這個新的飲食法。

2. 接下來，你要花八週時間，活出沒有那八種食物的生活、嘗試新的抗炎食物、過著抗炎的生活，同時從我給你的清單中，選擇高達八種你覺得自己最有問題且可能造成發炎的習慣，然後剔除這些習慣。

3. 八週後，你將透過一套具體且有系統的方法，一次一項，重新引進已經剔除的八種食物，以此斷定這些食物當中的哪幾項害你發炎。因為已經冷卻了你的炎症，你的系統一定會對這些已經離開你生活中的食物很敏感。如果你真的無法忍受這些食物，你一定會知道！

4. 最後，你將會建立一份個人化的食物生活清單，包含對你有益的食物和該要避開的食物，從而打造健康茁壯的抗炎人生。

可以剔除的「剔除8食物」

你將要剔除與核心4路線相同的食物，因此，請閱讀可以剔除的核心4食物的相關內容。此外，你還要剔除四種額外的食物，如此，你就可以殺死那個炎症，回到通向最理想健康狀態的道路上。以下八種是目前禁食且可能害你發炎的食物（在重新引進前，禁止食用）：

1. 穀物

2. 乳製品

3. 添加的甜味劑

4. 炎症性油品

5. 莢果（legume），例如扁豆、黑豆、斑豆、白豆、花生、大豆製成的任何東西。這些內含凝集素（lectin）、植酸鹽（phytate）、其他可能造成發炎的蛋白質。有些人食用莢果是沒問題的，但許多人不行。你將在重新引進期間找出自己的炎症譜示所在位置。

6. 堅果和種子，包括杏仁、腰果、榛子、核桃、葵花籽、南瓜籽、芝麻籽[1]。對某些人來說，這些很難消化（尤其如果沒有事先浸泡），而且內含許多與莢果相同、可能造成發炎的化合物。

7. 蛋，包括全蛋和蛋清。有人說我的身體很愛蛋，但許多人對蛋清中的「白蛋白」（albumin）敏感，而且有些人是對整顆蛋敏感。我們會查出你是否是其中之一。

8. 茄果類蔬菜，包括番茄、黏果酸漿（tomatillo，墨西哥綠番茄）、甜椒和辣椒、白馬鈴薯、茄子、枸杞。這些內含生物鹼（alkaloid），對某些人來說容易造成發炎。也許就是你喔。

關於咖啡因和酒精

你可能很詫異，咖啡因和酒精居然不在核心4或剔除8清單之中。其實，我的確希望你們把這兩項剔除掉，但我沒有將這兩項列入清單，因為它們不是真正的食物。不管怎樣，這兩者都可能以多重方式造成發炎。基本上，咖啡因可能會對腦與腎上腺的溝通造成壓力，酒精則對肝臟造成額外的負擔。因為目標是要降低這兩區的炎症，因此最好去掉咖啡因和酒精。但是別擔心──我並不是要告訴你，下半輩子都戒絕來一杯葡萄酒或美好的熱咖啡。在「重新整合」階段，你可以測試這兩項，看看是否對這兩樣東西起反應。不管怎樣，知道答案的唯一方法是：先讓它們離開你的身體系統一段時間。

只有一個例外且是唯一的例外。我特准你們每天享用一到四杯的有機綠茶或「白茶」（white tea）*。這些降低炎症的飲料咖啡因含量較低，假使你習慣喝大量的含咖啡因飲料（就咖啡囉），這些降低炎症的飲料也就可以派上用場，因為它們可以緩解咖啡因戒斷性頭痛。

---

* 譯註：輕微發酵的茶葉。

蛋奶素食者和純素者的注意事項

多年來，有許多吃蛋奶素或純素食的患者來找我，正如我在《生酮食譜》中詳細描述的，我本人吃過十年的純素，因此理解根深柢固追求這個生活型態的動機。我尊重這個生活型態，也曾經活出這個生活型態，而且我絕不會要你拋棄你的個人信念，也絕不會漠視你的合理觀點。話雖如此，我也希望你明白，處在這個剔除階段時，如果你同時剔除掉所有的動物性蛋白質來源，那麼你可能會發現，剩下可吃的食物很有限。雖然我是蔬食忠實鐵粉，但蛋奶素食者和純素者常吃的多種植物食品（例如穀物、莢果、堅果、種子、茄果類）卻可能導致某些人發炎。因為我們的目標是大大降低炎症，如此才能斷定哪些食物會在「你」身上引發炎症，因此可能需要些許的重新架構。且讓我們好好討論一下這點，因為要確保那麼做並不會搞砸一切。

根據我的經驗，基於宗教、道德或健康的原因，人們避開肉類或一切動物製品。這些人對生活型態也有不同的承諾。首先，讓我來講講話，對象是現在吃蛋奶素或純素但心裡可能願意考慮另一種飲食的讀者，至少是暫時考慮一下，只要這種飲食可以幫助你達成你的健康目標。

如果你靈活有彈性

我的許多蛋奶素或純素食患者，在他們生命中的某個時間點來找我，當時，他們迫不及待地想要感覺更加美好，而且願意接受他們當時採用的飲食並不是最適合自己身體的想法。如果蛋奶素或純素飲食對你來說奏效，那麼這類素食就沒有問題。這些素食對許多人來說是非常有效的，但因為生物個體性的關係，它們並不適合每一個人。

來找我的患者並不是身體健壯的人們。他們覺得不太好，而要做出改變的最佳方式就是靠飲食。如果你想要感覺不一樣，就必須做些不一樣的事。許多素食者從蛋和乳製品取得大部分的蛋白質，那可能是潛在造成他們發炎的原因。純素者尤其偏愛食用大量內含凝集素和植酸鹽（穀物、堅果、種子、莢果）的高碳水化合物食品，這些是潛在的炎症性抗營養物質。你不能靠空氣和冰塊而活，因此，如果你選擇嘗試剔除許多最容易發炎的食物，藉此平息炎症，超越你的健康問題，那就有許多食物可供選擇。那可能意謂著，你可能需要將某些動物製品（同時仍舊以蔬食為主）帶回來，至少持續一段時間。

　　這個個人化的剔除計畫，目的是要客觀地評估什麼對你的身體最有效。但這只是個實驗，不是永遠如此。一旦隔離了導致你發炎的特定食物且剔除掉那些食物，你可能會發現，蛋奶素或純素飲食對你來說還不錯。或者，你可能會發現，食用與以前完全不同的食物，身體的表現比之前好上許多。除非你願意靈活有彈性地對待你所剔除的食物，否則要確切地敲定哪些食物和行為為你製造問題便困難重重。此外，如果你的可食用食物清單過短，短到無法為你提供適當的營養，那麼效果必定不彰，因為你不是在給予身體需要用來療癒和健壯的東西。

　　我鼓勵你嘗試一些動物性蛋白質，看看會發生什麼事——即使只是一些魚和／或海鮮，儘管仍以蔬食為主。我不評斷，也不預期，純粹是希望看見你發現更多與你的生物個體性相關的資訊，同時解決你的健康問題。你不必餐餐吃

> **如果你想要感覺不一樣，就必須做些不一樣的事。**

動物性蛋白質。可以的話，慢慢適應，然後在重新引進期間，你一定會看見，對於在剔除階段移除的其他純素和蛋奶素主食，你有何感受。

萬一動物性蛋白質對你無效

　　對於現在和永遠均絕對百分之百反對食用任何動物性製品的讀者來說，我完全理解，也感同身受。其實有方法解決你的束縛。你的結果可能不是那麼的明確或有效，但你可能還是會發現有價值的資訊，明白你自己的反應特性。如果這是你，不妨將計畫修改成如下所示：

1. 即使測驗結果建議你應該執行剔除8路線，但目前執行核心4路線即可。看看你如何回應核心4路線。這會開始平息炎症，同時仍舊容許莢果、天貝（tempeh）＊和納豆之類的發酵大豆、堅果和種子，以及蛋（如果你吃蛋的話）。那還是會造就不同。

2. 或是，執行剔除8路線，但破例食用少量的莢果、堅果、種子。

3. 當你食用莢果、堅果、種子時，在烹煮和食用之前（或者，如果是堅果和種子，在用風乾機風乾之前），一定要將它們浸泡在純淨的水中至少八小時，以此大幅降低潛在的發炎因子（凝集素和植酸鹽）。用壓力鍋烹煮豆類和扁豆之類的莢果也是一個選項，因為這麼做速度快，也可以降低這些食物內含的潛在炎症性凝集素和植酸鹽。

4. 無論選擇哪一個方案，每天都要盡可能多吃綠色蔬菜。這是降低炎症的強力方法。

5. 焦點放在低果糖水果，在欠缺動物性蛋白質的情況下，這麼做可以讓血糖保持得比較穩定。低果糖水果請參考115頁。

6. 至於良好的蛋白質來源，只選用有機、非GMO（genetically modified organism，基因改造生物）發酵專用的大豆，例如天貝或納豆，或是嘗試很像豆腐但用火麻籽製成的「麻籽豆腐」（hempfu）（避開加工過的大豆製品，例如包裝好的素「漢堡」和素「熱狗」，以及未發酵的大豆製品，例

＊ 譯註：源自印尼爪哇的發酵類豆製品，又名印尼豆豉、丹貝、天培。

如豆腐和豆漿。可以吃有機毛豆）。

7. 選擇大量健康的植物脂肪，例如椰子、酪梨、橄欖（以及這類油品）；椰子奶和優格（無糖）；杏仁奶和優格（無糖）。

8. 重新引進時，你可能會發現有些穀物適合你，但目前不要讓它們出現在你的食物清單中。乳製品也一樣，如果你平時吃乳製品的話。在這個剔除階段，核心4的所有食物品項仍舊適用於你，無一例外。

如果四週後，你還是沒有覺得比較好：

■ 注意你的蛋白質來源。如果你一直食用大豆，是否只吃有機、非基改發酵大豆食品（例如天貝和納豆）？如果不是，對此要更嚴格把關，或是剔除所有的大豆食品。你可能對這些食品起反應。

■ 如果目前吃雞蛋，請考慮剔除掉蛋清，蛋清因為內含白蛋白，那往往是最容易引起發炎的部分。或者，假使你比較敏感，不妨剔除全蛋。

■ 如果你目前吃大量的堅果和種子，是否先行浸泡？要確定每次都這麼做。如果你目前吃的是浸泡過的堅果和種子，那就嘗試幾天沒有堅果和種子的日子，注意看看是否有什麼改變。

■ 也許你一直吃太多的莢果，或是你對某種莢果起反應。不妨每隔幾天讓自己不吃莢果一天，改連續幾晚製作湯品——內容豐富，囊括各式各樣的蘑菇、生薑和／或南薑，以及大量的新鮮花草、香料、蔬菜，如有消化問題，就煮爛過濾。

■ 你也可以嘗試隔離不同的莢果，看看你對某些莢果的反應是否比其他莢果好。不要忘記預先浸泡喔！預先浸泡過或是用壓力煮熟的扁豆和綠豆，比起黑豆或斑豆之類的其他莢果，往往比較不會起反應。

你的個人專屬保健建議

　　你的生物個體炎症概況（你在55頁寫下的內容）決定你被分配到的工具箱，所以要找出與你最緊迫的問題搭配的工具箱（根據測驗結果），然後浸淫其中，獲取額外的抗炎力量。將你的工具箱複製下來，或是在開始的那一頁夾一張書籤標示，讓你能夠不時參照，方便信手拈來。這些工具箱中的「獎勵療法」是選用的，但肯定會大幅提升抑制炎症的效果。工具箱中的所有補充劑或食物藥膳，在大部分的健康食品店或線上商店都可以找到。建議你查一查當地的健康食品店，與店內員工談談店家庫存中的最佳品牌，或是閱讀線上的顧客評論。因為不斷有新品牌進入這個市場，所以這是調查該嘗試哪一個品牌的最佳方法。

 ## 1. 腦／神經系統保健食品

　　你的腦著火了嗎？你的神經系統燒起來了嗎？腦部發炎的跡象包括腦霧、與全神貫注和聚焦相關的問題、焦慮和／或抑鬱之類的心情問題、記憶問題。長期腦部發炎可能是認知障礙和最終失智的危險因子，也可能是自體免疫性疾病或帕金森氏症之類的其他神經系統疾病，尤其是遺傳了易感基因的人們。血腦屏障滲漏（leaky blood-brain barrier）可能是罪魁禍首。這是一種常與腸漏症有關的病症，而且這代表，已經危及隔絕消化系統與腦部的「緊密連接」（tight junction）*。這可能促使名為「脂多醣」（LPS）的細菌內毒素（bacterial endotoxin）進入不應該存在的位置，引發炎症反應。

---

* 譯註：又稱閉鎖小帶、封閉小帶，是兩個細胞之間緊密相連的區域，由細胞膜共同構成一個液體無法穿透的屏障。

　　你的工具箱內含以腦部炎症作為目標的食物和其他療法。你八成會注意到，開始這個計畫的短短幾天內，心情改善了，全神貫注的能力改善了。以下是你的工具。盡可能經常食用它們、使用它們、嘗試它們。

1. **野生捕撈魚**，因為野生魚含有補腦的高濃度「二十二碳六烯酸」（docosahexaenoic acid，簡稱DHA），是一種歐米加3（ω-3）脂肪酸[2]。

2. **MCT油**（中鏈三酸甘油酯）：其中的生物可用脂肪，萃取自椰子油和棕櫚油，已證實可以改善認知功能[3]。

3. **猴頭菇**，內含神經生長因子（NGFs），有助於再生和保護腦組織[4]。

4. **刺毛黧豆**（Mucuna prurien），一種阿育吠陀（Ayurveda）草藥，支持中樞和周圍神經系統，幫助身體適應壓力。刺毛黧豆富含「左旋多巴」（L-dopa），是神經遞質多巴胺的前驅物[5, 6]。刺毛黧豆又叫做kapikacchu。

5. **磷蝦油優於魚油**，內含比多數魚油品牌強五十倍以上的強效抗氧化蝦青素。此外，磷蝦油內含有裨益的磷脂（phospholipid），叫做「磷脂酰膽鹼」（phosphatidylcholine）和「磷脂酰絲胺酸」（phosphatidylserine），人體用它們來維持腦部和神經的功能[7, 8]。

6. **鎂支援腦受體**，促進學習和記憶功能，增加神經可塑性和心智清明度[9, 10]。鎂缺乏已被認定與焦慮、抑鬱、ADHD（注意力不足過動症）、偏頭痛、腦霧之類的腦部問題有關。甘氨酸鎂（magnesium glycinate）和蘇糖酸鎂（magnesium threonate）是最容易吸收的兩種形式，分別有助於平息焦慮和改善認知功能。

7. **有氧運動可以強化BDNF**（腦源性神經營養因子）的產量，提升記憶力和整體認知功能[11, 12]。嘗試每週做有氧運動六天，每天至少三十分鐘。

8. **纈草根**（Valerian root），內含纈草酸，是一種調節神經遞質GABA[13]（γ-氨基丁酸，γ-Aminobutyric acid）的物質。腦源性神經營養因子（BDNF）是一種蛋白質，可以促進神經元的生長和功能[14]。健康的GABA水平是增加BDNF所必須的[15]，這很重要，因為低BDNF水平與記憶受損和阿茲海默症相關聯[16]。

祈禱文：我的念頭與完美的健康相映，我一天比一天更清明、更快樂。

從早到晚，只要想到，就大聲重複朗誦這段祈禱文，或是在腦海裡重複默唸，早晨和／或晚上安靜地坐著時，持續唸誦五至十五分鐘。這是一種靜心冥想。

 ## 2. 消化系統保健食品

我發現，經歷過慢性健康課題的每一個人，幾乎都有某種程度的腸道發炎導致消化功能障礙，即使症狀輕微。在我的診所，最常見到的問題是便祕、腹瀉、腸躁症（IBS）、小腸細菌過度增殖（SIBO）、腹脹、胃食道逆流。此外，慢性消化問題也可能引發其他嚴重的問題，例如，長期胃食道逆流引起的食道損傷，或是胃潰瘍或腸道潰瘍，以及腸壁接合處鬆弛，導致腸漏症，那可能引發自體免疫問題。平息消化道中的炎症，使其癒合並更好地運作，這能夠在你的整個身體系統中產生漣漪效應。現在，運用你的工具箱實現這個目標。以下是你該要嘗試的工具，要經常使用喔。

1. **煮熟的蔬菜**，不是生蔬菜喔。熟蔬菜更容易消化。將熟蔬菜在攪拌器中攪爛，做湯，或是加入其他食物中，使熟蔬菜更容易消化。

2. **大骨湯和南薑湯**。煮大骨湯的時間不要超過八小時，不然就用壓力鍋烹煮，以此降低炎症性組織胺造成的影響（炎症性組織胺容易因烹飪時間加長而產生）。南薑湯用南薑（galangal，南薑根與生薑有親戚關係）製成，是一道蔬食湯品。這兩種湯都是抗炎的，對腸道有療效，而且都可以直接喝，或是用作湯底。可以的話，兩樣都嘗試看看，作法相當容易。

3. **發酵的蔬菜和飲料**。德國酸菜和韓國泡菜之類的蔬菜、開水或椰子酸奶酒（kefir，又稱「克菲爾」，發源於高加索的發酵牛奶飲料）之類的飲料、甜菜根克瓦斯（kvass）*、康普茶，均內含可以恢復和維持良好腸道細菌的有益細菌[17]（避開加糖的發酵飲料）。

4. **益生菌補充劑**。這些有助於改善腸道細菌的平衡。輪換不同的細菌，增加細菌的多樣性。[18, 19]

5. **麩醯胺酸（L-glutamine）補充劑**。這種氨基酸支援腸壁的癒合。[20, 21]

6. **鹽酸甜菜鹼（betaine HCL）之類的消化酶**，加上胃蛋白酶（pepsin）和牛膽汁（ox bile）。腸道癒合的過程中，這些酶可以幫助你的身體消化蛋白質和脂肪。

7. **「天然甘草萃取」（deglycyrrhizinated licorice, DGL）補充劑**。甘草根可以舒緩和治癒發炎的腸壁。

8. **滑榆粉（slippery elm powder）**。對於痙攣、腹脹、脹氣之類的腸躁症問題，這是優質治療法[22]。滑榆粉也可以療癒腸壁。

祈禱文：我處於完美的平衡，我信任自己的直覺（gut）†。

從早到晚，全天候大聲重複朗誦這段祈禱文，或是在腦海中重複默唸，早晨和／或晚上安靜地坐著時，持續唸誦五至十五分鐘。這段祈禱文很適合解決消化問題，因為信任你的直覺意謂著你信任它可以療癒，而且你信任自己的直覺，也就是信任你的「腸道感受」（gut feeling）。

---

* 譯註：盛行於俄羅斯、烏克蘭等東歐國家的低度酒精飲料。

† 譯註：英文中，gut是「直覺」，也是「腸道」。

3. 排毒系統保健食品

你的肝臟、淋巴系統、腎臟和膽囊，主要負責排毒以及處理和移除毒素，例如酒精和毒品、殺蟲劑和污染物、你自己新陳代謝的廢物。如果這些系統因炎症而受損，廢物可能會囤積在你的身體裡，導致更多的炎症。如果測驗顯示，你的排毒系統有炎症性問題，你可能容易出現淋巴阻塞、脂肪肝、膽囊問題，或是一種「有毒」的感覺。此外，你可能讓毒素在體內逗留過久，可能因此對器官和系統造成損害。這個類別還包括萊姆病患者、與黴菌奮戰的人，或是重度酒精或毒品使用者，或是每天必須服用處方藥的人。用肝／淋巴／膽囊工具箱「盡快」冷卻排毒系統中的炎症，騰出身體的自然系統，將垃圾排出。以下是你的工具箱：

1. **蒲公英茶**。天然肝臟補品，此茶含有維他命 B 群，可以支援甲基化和排毒。[23]

2. **螺旋藻補充劑或螺旋藻粉**。這種藻類具有強大的排毒特性。[24]

3. **紅花苜蓿花茶、粉末或補充劑**。這是另一種護肝補品，幫助促進有效的排毒。

4. **奶薊（Milk thistle）茶或補品**。另一種護肝補品，可以幫助減少重金屬損害。[25, 26]

5. **香芹和芫荽**，有助於排除鉛和汞之類的重金屬。不妨在膳食中加入這些新鮮或乾燥的香料植物。

6. **含硫蔬菜**。含硫量高的蔬菜包括蒜、洋蔥、球芽甘藍、高麗菜、花椰菜、青花菜和青花菜芽。這些幫助肝臟分解毒素和重金屬，使你的身體更容易擺脫毒素和重金屬。青花菜芽比青花菜更強大。它們的蘿蔔硫素（sulforaphane）含量有助於維持健康的排毒通路。嘗試每天吃些上述蔬菜。

7. **綠葉蔬菜**。羽衣甘藍、菠菜、牛皮菜（chard）之類的深色綠葉蔬菜含有葉酸（folate），對開啟排毒通路至關重要。苦味的綠色蔬菜，例如寬葉羽衣甘藍（collard greens）、芥菜、芝麻菜，也可以養護肝臟功能。

8. **乾刷**。特殊的乾刷用在淋浴前刷拂皮膚。刷腿部和手臂時，朝身體方向往上刷，刷軀幹時，朝腋窩和腹股溝方向刷，或是朝身體的中心刷，這些位置是淋巴結最高度集中的地方。每天乾刷可促進淋巴系統的運作，將過多的體液和淋巴液以及其所攜帶的廢物排出體外。這麼做可以消除因淋巴流動緩慢造成的外貌浮腫。要在淋浴或盆浴之前先這麼做。

祈禱文：我允許自己的身體回復到最自然的健康狀態。我是淨化的、純淨的。

想到時，就大聲重複朗誦這段祈禱文，或是在腦海中重複默唸，早晨和／或晚上安靜地坐著時，持續唸誦五至十五分鐘。這將會幫助你淨化身、心、靈。

4. 血糖／胰島素系統保健食品

如果血糖經常太高，你就有各種胰島素阻抗的危險：代謝症候群、糖尿病前期、肥胖，最終是全面爆發的第二型糖尿病，包括附帶的許多併發症（神經痛、心血管疾病、腎損傷、視力受損，僅舉幾例）。糖尿病不是鬧著玩的，一生平均要休息十年。有些專家認為，有一半美國公民患有某種程度的胰島素阻抗。造成如此失衡的原因可能是肝臟發炎，以及肝臟中的細胞胰島素受體消耗殆盡，對胰島素的糖平衡效應不再敏感。在管控血糖和胰島素平衡、降低肝臟發炎、修正血糖和胰島素的極端變化（那可能導致糖尿病）

的過程中，飲食至關重要。如果測驗結果顯示你有這方面的問題，那就該是
離開血糖雲霄飛車、跳上血糖／胰島素計畫列車的時候了。以下是你的工具
箱。

1. **肉桂**。嘗試肉桂茶，或是在你的熱飲、水果或其他食物中加入肉桂。肉桂
   含有原花青素（proanthocyanidin），此物質正向地改變脂肪細胞中的胰島
   素信號傳遞活性。肉桂已被證明可以降低第二型糖尿病患者的血糖水平和
   三酸甘油酯。[27]

2. **靈芝**。這些藥用蘑菇多數製成茶品、粉末或是乾燥化，用來調降「甲型葡
   萄糖苷酶」（alpha-glucosidase，這種酶負責將澱粉分解成糖），幫助降低
   血糖水平。[28]

3. **小檗鹼**（berberine）**補充劑**。小檗鹼是一種植物生物鹼兼中藥治療法，可
   延緩碳水化合物分解成醣類[29]，保持血糖平衡，而且在調節糖尿病患者的
   血糖方面，已被證實與二甲雙胍（metformin）[30]一樣有效。

4. **抹茶**。這種綠茶內含一種名為「表沒食子兒茶素沒食子酸酯」
   （epigallocatechin-3-gallate/EGCG）的化合物，有助於穩定血糖[31]。以抹
   茶粉形式飲用整片綠茶葉*是增加EGCG攝入量的絕佳方法。

5. **D–手性肌醇**（D-chiro-inositol）**補充劑**。這個營養素在胰島素信號傳遞中
   扮演重要的角色，且可降低胰島素阻抗。[32]

6. **蘋果醋**。這種常見的廚房食材除了有助於降低空腹血糖值，還可以大幅提
   升胰島素敏感性[33]，改善身體對糖的回應方式。[34]

7. **高纖蔬菜**。來自「全食物」†植物來源的纖維，在提升胰島素敏感性和降低
   葡萄糖代謝兩方面尤其有效。[35]

---

* 譯註：因為抹茶粉是整片綠茶葉研磨而成的。

† 譯註：指天然完整、未經加工精製的食物，以植物性食物為主。

8. **鉻（chromium）補充劑。**鉻是礦物質，在胰島素信號傳遞通路中扮演某個角色。鉻除了降低三酸甘油酯和膽固醇水平外，還可以提升胰島素敏感性和改善血糖。[36]

祈禱文：我的血糖是平衡的，我很平衡。我的胰島素和瘦素（Leptin, LP）激素是平衡的，我很平衡。

從早到晚，全天候大聲重複朗誦這段祈禱文，或是在腦海中重複默唸，早晨和／或晚上安靜地坐著時，持續唸誦五至十五分鐘。這個以平衡為中心的鎮定活動，可以對身心產生正向積極的影響。壓力可能引發血糖升高，因此這段祈禱文的壓力逆轉作用一定會增強你的努力。

5. 激素（內分泌）系統保健食品

如果苦於喜怒無常、經前綜合症、經期不規則或疼痛，或性慾低下，或是正邁向更年期且有許多不舒服的症狀，你八成已經懷疑自己的激素平衡有問題。這些是幾種明顯的激素課題，但激素系統還有許多其他方式揭示它失去平衡，例如甲狀腺、腎上腺、睾丸素課題。無論你的激素失衡是哪一種，這個工具箱中的工具都可以降低炎症，改善激素受體活性和腦－激素（brain-hormone）的通訊（位於下丘腦－垂體－腎上腺、甲狀腺或性腺各軸之中），幫助你的系統回復正常。即使你處在更年期前期之類的激素劇變期，也應該會注意到症狀因這個計畫而大幅改善。這個工具箱將會幫助你迅速回歸正軌。

1. **唯一水（sole water）。**這種注入電解質的水，維持腎上腺激素醛固酮（aldosterone）[37]，而醛固酮是電解質和體液平衡的部分原因。這水可以穩定鈉含量且容易製作。一旦製作完成，幾秒鐘就可以添加到日常生活中。若要製作「唯一水」，可找一只有塑料蓋（金屬蓋與鹽水接觸，可能會氧化和腐蝕）的大型梅森玻璃罐（mason jar，凡是大尺寸玻璃罐均可——假使手邊沒有，可以上網搜尋），然後用優質海鹽、凱爾特鹽（Celtic salt）或喜馬拉雅山岩鹽，或是混合這三種鹽，填滿四分之一玻璃罐。加入過濾水，但在頂部保留一些空間。蓋上蓋子，搖勻，靜置過夜。隔天早上，檢查你的「唯一水」。如果能在罐底看到一些鹽，這水就是飽和鹽水。如果看不見任何鹽，就再多加一匙鹽。搖一搖，給它一小時溶解。繼續這麼做，直到有些鹽留在玻璃罐底。當「唯一水」完全飽和時，就準備好了。每天早晨在一杯清水中加入一茶匙「唯一水」，在進食前喝掉。只用塑料勺或木勺舀出「唯一水」——禁用金屬器皿。

2. **海菜**。來自海洋的植物——例如海帶、紫菜、紫紅藻、昆布、裙帶菜、洋菜——富含你需要用來製造甲狀腺激素的碘。每一個細胞都需要甲狀腺激素才能正常運作。

3. **野生捕撈的魚**——尤其是鮭魚、鯖魚、沙丁魚。這些魚富含維生素D，可以維持數百個不同的代謝通路，而且內含維持激素平衡的健康脂肪。[38]

4. **聖潔莓（chasteberry）補充劑**。這種莓果以天然的方式維持健康的黃體激素含量，平衡黃體激素與雌激素的比例。[39]

5. **南非國寶茶**。這款來自非洲紅色灌木的鮮紅色茶，可以平衡皮質醇（cortisol，壓力激素之一），維持腎上腺的功能。

6. **印度人蔘（ashwagandha）補充劑**。最優的皮質醇平衡劑，這款草藥經常出現在阿育吠陀醫療中，印度人蔘推動緩慢的甲狀腺激素，藉此維持下丘腦-垂體-腎上腺（HPA）軸和甲狀腺，幫助你感到平靜，尤其是當你苦於情緒波動和／或激素引發的焦慮。[40, 41]

7. **月見草油補充劑**。這款油內含維持激素的歐米加6（ω-6）脂肪酸GLA

（迦瑪亞麻油酸）和LA（亞麻油酸），有助於緩解更年期、PMS（經前症候群）、PCOS（多囊性卵巢症候群）、激素引發的痤瘡等症狀。[42]

8. 五味子散（schisandra powder）。這款莓果養護腎上腺，加到冰沙或茶之中是很讚的。

祈禱文：我的激素完美和諧。我處在完美的和諧中。

想到時，就大聲重複朗誦這段祈禱文，或是在腦海中默唸，早上和／或晚上安靜地坐著時，持續唸誦五至十五分鐘。這麼做將有助於身體和心智的平衡。

6. 肌肉骨骼系統保健食品

身體結構中的炎症害你的身體糾在一起，可能產生各種類型的疼痛效應——從緊繃、肌肉和關節酸痛，到骨關節炎、纖維肌痛、駐留在關節中的自體免疫性疾病（例如類風濕性關節炎、薛格連氏症候群〔Sjögren's syndrome〕、狼瘡）。還可能連累關節、肌肉、結締組織結構，使你因過於鬆散而容易受傷，或是因過度緊繃而容易疼痛和僵硬。如果你不降低這些部位的炎症，可能會因為關節損傷和肌肉虛弱而造成慢性疼痛、無法運動乃至殘疾。這個工具箱瞄準為你的身體帶來結構的部位，使身體有能力動得更好、運作得更好，讓你可以再次舒適地移動。以下是你的工具。

1. MSM（methylsulfonylmethane，甲基硫醯基甲烷）補充劑。這種含硫化合物透過其天然的抗炎作用減輕關節和肌肉疼痛。[43]

2. 薑黃。這款古老的藥用香料內含類薑黃素（curcuminoid）和其他有益的化合物，因此是最有效力的抗炎香料之一。

3. 膠原蛋白粉（collagen powder）。這款粉末可以添加到冰沙或任何的熱飲或冷飲之中，有助於修復結締組織。

4. 硫酸鹽葡萄糖胺（Glucosamine sulfate，內含或不含硫酸軟骨素〔chondroitin sulfate〕）。這款補充劑維持健康的軟骨和滑液（synovial fluid），以此回復關節健康、減輕疼痛、平息發炎。研究顯示，硫酸鹽葡萄糖胺具有明確的減輕疼痛和增加流動性的效果。[44]

5. 紅外線桑拿浴。這類桑拿浴尤其可以降低炎症，讓人感覺放鬆和壓力減輕（除非你受不了高溫）。[45]

6. 冷凍療法（cryotherapy）。這個療法用極冷的溫度在短時間內降低炎症水平[46]。它讓人回復青春，且可大大緩解疼痛（除非你不耐寒）。

7. 按摩。你需要另一個藉口讓按摩成為日常作息的一部分嗎？各種技術，尤其是瑞典式按摩法、觸發點按摩療法（trigger point）、肌筋膜放鬆術（myofascial release）、深層組織按摩手法（deep-tissue techniques）等，都能瞄準並緩解肌肉疼痛和緊張。[47, 48]

8. CBD（大麻二酚）油。這油來自火麻（hemp）或大麻屬（cannabis）植物*，有助於減輕肌肉骨骼系統的疼痛。別擔心（或者我應該說：「不好意思，但……」），CBD是提煉過的，因此不含任何（或是包含極少的）THC（四氫大麻酚）。你不會亢奮，但可以緩解疼痛。[49]

祈禱文：我有力量釋放我的疼痛，獲取我應得的健康。

---

* 譯註：火麻又稱大麻，CBD油與hemp油不同之處在於，hemp油來自大麻種子，CBD油來自大麻植物的花和葉。

　　從早到晚，只要想到，就大聲重複朗誦這段祈禱文，或是在腦海中重複默唸，早晨和／或晚上安靜地坐著時，持續唸誦五至十五分鐘。祈禱文禪定法可以放鬆肌肉緊張，緩解疼痛。

7. 自體免疫系統保健食品

　　單是美國境內，估計就有五千萬人已被診斷出患有自體免疫性疾病。多數情況下，正式的診斷標準是，患者的免疫系統已經破壞了當事人身體的絕大部分，舉例來說，一定有九〇％的腎上腺損壞了，才能被確診為患有自體免疫性腎上腺問題或愛迪生氏病。此外，必須對神經和消化系統造成重大破壞，才能被確診為患有多發性硬化症（MS）之類的神經系統自體免疫性疾病，或是乳糜瀉之類的腸道自體免疫性疾病。

　　如此分量的自體免疫炎症發作不會在一夜之間就發生——這是規模較大的自體免疫炎症譜示的末期階段。我的重點在於：趁患者進到損壞的末期之前，先行解決炎症的根本原因。

　　自體免疫炎症譜示有三大階段：

1. 沉默的自體免疫：抗體檢測呈陽性，但沒有明顯的症狀。
2. 自體免疫反應：抗體檢測呈陽性，患者感受到症狀。
3. 自體免疫性疾病：有足夠的身體損壞可以被診斷出來，且有大量的潛在症狀。

　　在我的功能醫學中心，我看見許多人處於第二階段：病得不夠嚴重，無法被貼上診斷代碼，但卻感覺到自體免疫反應的作用。人們活在炎症譜示上的某處，時常被送去看醫生，醫生一個換過一個，做過一大堆實驗檢測，服過不少藥物，然而卻毫無進展。這些患者往往被鄭重地告知：「嗯，你八成會在幾年後得到狼瘡——到時再回來吧。」

　　炎症是大部分（如果不是全部）自體免疫疾病的主要因素。自體免疫性疾病，是免疫系統攻擊其自身組織的一種疾病，以為自己的組織是外來的入侵者（就像病毒或細菌）。過去罕見的疾病現在很常見，大約有一百種不同且可以被識別的自體免疫性疾病，以及另外四十種具有自體免疫成分的病症。我懷疑，隨著人類發現更多各種疾病如何運作的方式，這些數字將會持續上升。我看見的幾個較常見的自體免疫性疾病包括：類風濕性關節炎、系統性紅斑狼瘡、炎症性腸胃病、乳糜瀉、牛皮癬、硬皮病、白斑病、惡性貧血、橋本氏甲狀腺炎、愛迪生氏病、葛瑞夫茲病（Graves' disease）、薛格連氏症候群、第一型糖尿病、化膿性汗腺炎、多發性硬化症。

　　免疫系統最常攻擊消化系統、關節、肌肉、皮膚、結締組織、腦和脊髓、內分泌腺體（例如甲狀腺和腎上腺）和／或血管。這些疾病在某些人身上可能很輕微，在其他人身上卻可能使人衰竭乃至致命。如果你已經患有自體免疫性疾病，這個工具箱將有助於維持你的健康。如果你沒有被診斷出患有自體免疫性疾病，但測驗顯示，體內以免疫為主的炎症正在推進，那麼冷卻炎症至關重要，而且你沒有時間可以浪費了！從這個工具箱開始吧。

　　1. 草飼或放牧動物的內臟器官。曾在人類飲食中很常見的內臟器官，現在卻不是那麼的普遍，尤其在美國，但內臟器官內含真正的維生素A、生物可利用的維生素B群以及鐵之類的礦物質，含量勝過任何食物。維生素A缺乏與自體免疫病症有關，而內臟器官可以迅速補充不足。

　　2. 特級初榨鱈魚肝油。這款超健康脂肪富含脂溶性維生素，免疫系統需要這款維生素才能保持健康，適當地運作。

　　3. 鴯鶓油。這款油來自很像鴕鳥的鴯鶓，富含維生素K_2，有助於平衡被稱為iNOS（誘導型一氧化氮合酶）的重要酶系家族，可調節造成發炎的通路。

　　4. 青花菜芽。青花菜芽擁有含量最高且可維持甲基化的蘿蔔硫素，這個成分可以大幅降低炎症並維持適當的T細胞功能[50]。

5. **接骨木莓果**（elderberry）。這款水果幫助平衡免疫系統[51]。接骨木莓果通常以液體補充劑的形式存在。

6. **黑孜然籽油**。這款補充劑增加調節性T細胞，可以重新平衡失控的免疫系統，降低炎症[52]。

7. **紫檀芪**（Pterostilbene）補充劑。這款化合物很像白藜蘆醇（resveratrol），可以降低炎症性NF-$_\kappa$B（核因子活化B細胞K輕鏈增強子）蛋白質，增強抗炎Nrf2（核因子紅系2相關因子2）通路[53]。

8. **水克菲爾或椰子克菲爾**（酸奶酒）。這些發酵飲品內含自然發生的維生素K_2，是發酵過程的副產物。這些飲品還內含「克菲蘭多醣體」（kefiran），這是一種獨特的糖，由克菲爾粒（kefir grain）產生，有能力降低炎症、安撫免疫系統。[54]

祈禱文：我的身體強而有力且不斷自行復原。

從早到晚，只要想到，就大聲重複朗誦這段祈禱文，或是在腦海中重複默唸，早晨和／或晚上安靜地坐著時，持續唸誦五至十五分鐘。減輕壓力同時降低炎症。

8. 多炎症的保健建議

多個炎症區表示你的健康嚴重受損。如果不改弦易轍，難道要面對未來慢性病日漸逼近嗎？也許情況如此，也可能你已經慢性病確診。不管怎樣，現在都沒有時間涉獵下一個有趣的時尚飲食。你必須做些截然不同的事，才能看見不同的結果。如果你一直在等待適當的時機為自己的健康做出重大的改變，那就是現在了。讓我們嚴肅看待，因為你的健康可能瀕臨險境，而改變險境的力量操在你的手中。還好，你有不少工具箱任你支配──事實上是所有這些工具箱都任你支配！要探究一下與你的特定發炎部位相關的所有工具箱。你可以把焦點放在與你最關注的部位有關的工具箱，也可以每天嘗試來自不同工具箱的策略。如果某天關節不適，可以找出肌肉骨骼工具箱，挑些藥用食品和療法。如果你的消化力似乎停擺了，檢查一下消化工具箱，嘗試幾個幫助消化的食物藥膳和療法。如果當天是個令人厭惡的腦霧日，就找出腦／神經系統工具箱，體驗其中幾個療法。自由瀏覽，使用你可以使用的一切工具，然後像處理業務一樣解決那個炎症！

祈禱文：我取回我的活力。

從早到晚，只要想到，就大聲重複朗誦這段祈禱文，或是在腦海裡重複默唸，早晨和／或晚上安靜地坐著時，持續唸誦五至十五分鐘。照著剔除8計畫實作時，取回活力的想法是一切的核心。

限時進食：適合每一個人的工具

「間歇性禁食」（IF）或「限時進食」（TRF）是誰都可以嘗試的。縱觀整個人類歷史，食物並不像現在這樣隨時有且多到吃不完。人們不可能每每想吃就有的吃。我們的身體適應了這點，而且做出善意的回應──不是回應飢餓，而是回應不吃東西或少吃東西的時期。間歇性禁食（IF）或限時進食（TRF）協定[55]都是降低炎症和增強所謂「自體吞噬」（autophagy）的好方法。「自體吞噬」是你的身體清除死亡、功能失調的細胞同時降低炎症水平的能力。無論你是否正在落實剔除飲食法，可以增強飲食的三種簡單方法，都是在上午八點和下午六點之間進食。或是只在中午十二點到下午六點之間進食，不然就是每天或定期省略一餐。至於更進階的間歇性禁食協定，請查閱我的著作《生酮食譜》。

要記得將工具箱帶在身邊，提醒你，有哪些食物和療法可以裨益你降低炎症的目標，無論你現在位於炎症譜示上的哪一個位置。現在是展開實質計畫的時候了，在四天或八天的時間內（四天或八天取決於你所執行的路線）逐步縮減，一次放棄幾樣東西，直到你百分百符合規定為止。我一定會幫助你，循序漸進地剔除困惑。讓我們直接開始吧！

第4章

四天／八天戒斷致炎食物

　　既然已經選擇了你的核心4或剔除8路線，且擁有了你的生物個體化工具箱，那就該要展開從生活中剔除炎症性食物的實質過程。我們首先逐步淘汰四種（就核心4路線而言）或八種（就剔除8路線而言）我在前一章提供給你的剔除項目，一次一種。

　　雖然你可能很想立即丟棄一切，只為了加快速度，但我發現，對許多人來說，一次性的劇烈改變往往是強人所難。當改變太過突然時，熱忱可能會轉變成挫敗，所以我偏愛如此逐步縮減的方法。身心健康不應該有壓力。全心投入新事物是有魔力的。要在這段期間給予自己恩典和輕盈，而且始終如此。要把焦點放在下一章記載的所有美味、平息炎症的食物，讓自己好好享用。本章的「初始」階段讓你可以用比較周到、永續的方式安然進入這個計畫。就連第一天，在剔除第一種食物時，你也可以變得更有自知之明。一開始先觀察，移除掉每一種食物在最初開頭時如何影響你。就身體覺察以及對你的個人反應敏感而言，這是很重要的一部分。

致炎食物剔除進程（核心 4 僅需做前四天）

　　在接下來的四天或八天期間，你將逐步縮減，進入完全剔除模式。無論你執行的是核心4或剔除8路線，前四天都是一樣的。你每天將會捨棄一種核心4食物。四天後，核心4族群可以進到下一章。剔除8族群將會再繼續四天，剔除另外四種炎症性食物。八天後，剔除8族群將會準備就緒，可以進入下一章。

　　關於在捨棄每一種炎症性食物的過程中應該做些什麼──包括捨棄的原因、如何捨棄以及該要改吃些什麼──相關資訊出現在下述圖表之後。

核心 4 路線逐步縮減日程表

日期	該要剔除的食物
1	**所有穀物**：小麥、大麥、黑麥、大米、藜麥、玉米等等
2	**乳製品**：來自乳牛、山羊，或綿羊的奶汁、優格、乳酪、鮮奶油等等
3	**所有添加的甜味劑**：白糖和紅糖、高果糖玉米糖漿、楓糖漿、蜂蜜、椰子糖、龍舌蘭蜜、甜菊糖、羅漢果、糖醇類等等
4	**炎症性油品**：玉米油、大豆油、芥花籽油，葵花油、葡萄籽油、蔬菜油等等

剔除8路線逐步縮減日程表

日期	該要剔除的食物
1	**所有穀物**：小麥、大麥、黑麥、大米、藜麥、玉米等等
2	**乳製品**：來自乳牛、山羊，或綿羊的奶汁、優格、乳酪、鮮奶油等等
3	**所有添加的甜味劑**：白糖和紅糖、高果糖玉米糖漿、楓糖漿、蜂蜜、椰子糖、龍舌蘭蜜等等
4	**炎症性油品**：玉米油、大豆油、芥花籽油，葵花油、葡萄籽油、蔬菜油等等
5	**莢果**：扁豆、黑豆、斑豆、白豆、大豆、豆腐、皇帝豆、鷹嘴豆、花生、花生醬等等
6	**堅果和種子**：杏仁、核桃、美洲山核桃、葵花籽、南瓜籽、芝麻籽、奇亞籽、堅果醬和種子醬等等
7	**蛋**：蛋清和蛋黃
8	**茄果類**：番茄、白色和黃色馬鈴薯、茄子、所有椒類等等

第一天（核心4和剔除8共同）：穀物

　　雖然穀物是許多人所鍾愛的，對有些人來說，甚至到了成癮的地步，但穀物也是最容易引發炎症和損害消化完整性的食物之一。也因此，目前將穀物區分出來是相當重要的。如果你真的很想將穀物帶回到膳食之中，之後會有機會重新引進的，但是讓我們先冷卻你的炎症，如此才能夠真正了解你的身體對穀物的真實回應。

　　我們生活在以穀物為主的社會，穀物是許多人的膳食基礎。如果曾在超市仔細瞧過別人的購物車裡買些什麼，你可能已經注意到，絕大部分是穀物、穀物、更多的穀物：早餐的喜瑞兒（cereal）、午餐的三明治，還有晚餐時，穀物如果不是主菜（義大利麵吧），（至少）也是副食。穀物是工業化農牧業的支柱，是數十億美元的巨頭。穀物交易所充斥著大量的政治角力。穀物甚至是從前著名的「食物金字塔」（food pyramid）*的基礎（或是美國農業部的營養指南「我的餐盤」〔MyPlate〕的一大部分）。因此，難怪就連剔除穀物的想法，在許多人聽來都相當激進。然而，無穀物飲食根本不算激進。重度消耗穀物是人類相當晚近才出現的飲食習慣[1]。且來看看諸多好理由，好讓我們捨棄穀物、改選營養密度較高的替代品。

乳糜瀉譜示

　　研究人員目前正在設法搜尋證據，證明幾十年來我們在功能醫學界一直在說的話：輕微的食物反應，例如麩質敏感，多半只是偶爾出現、多數時候可以忍受的症狀，它位於規模較大的炎症譜示的一端，而乳糜瀉（CD）

---

* 譯註：是指導我們進食不同種類的食物及其適當分量的常用實際指南。

之類的自體免疫性疾病則位於相反的另一端[2]。我相信，就好比有自體免疫炎症譜示一樣，也有一份譜示從輕度麩質敏感到真正的乳糜瀉[3]。我稱之為「乳糜瀉譜示」（celiac spectrum）。

根據小腸中微絨毛損壞的程度，傳統醫生可以診斷出你患有乳糜瀉，或是告訴你，你沒有乳糜瀉。然而，最近醫生們開始承認，沒有被診斷為患有乳糜瀉的某些人，在食用麩質時，似乎的確出現合理、明顯的症狀。此外，我並不完全相信乳糜瀉的診斷標準具有足夠的含括性。舉例來說，只有大約一〇％的乳糜瀉患者有明顯的胃腸道症狀[4]。乳糜瀉患者反而體驗到其他看似無關的症狀，例如焦慮、抑鬱或皮膚問題。據估計，只有大約五％的乳糜瀉患者被診斷出來[5]，主要是因為，醫生通常懷疑，乳糜瀉只發生在有消化問題的患者身上（即便如此，這類患者往往也沒有因為消化問題而做檢測）。這意謂著，大約三百萬患有乳糜瀉的美國人不知道他們患有乳糜瀉。

如果你透過本書中的過程發現（或是如果你已經知道），你在食用麩質後出現症狀，那你就是位在麩質敏感／乳糜瀉譜示上，而且應該要下半輩子避開一切麩質。目前，建議捨棄一切穀類，因為來自即使是非麩質穀物引起的炎症效應也可能使許多人症狀加劇。如果你已確診是食物敏感或是乳糜瀉之類的自體免疫性病症，減少一切穀物可能有助於降低整體的發炎症狀。如果你情況如此，同時建議你直接進入剔除8路線，取得最大效果。

為何（目前）捨棄這些：以下是為什麼必須遠離穀物的幾個好理由：

- **麩質**。近來，幾乎是不可能沒聽到「麩質」這個詞。麩質研究的激增，已經闡明了這種蛋白質就在小麥、黑麥、大麥、斯佩爾特小麥之中——保守估計，大約二十個美國人當中，就有一人有麩質不耐症。與其他穀物中的蛋白質相較，麩質難以消化，因此麩質存在消化道中可能使腸壁發炎、鬆開那些「緊密連接」、造成腸漏症。這類情況發生時，未被消化的食物蛋白質，例如麩質和稱為脂多醣（LPS）的細菌內毒素，可能會進入血液之中，在胃腸道外製造可能引發自體免疫反應的炎症性反應。

- **凝集素。** 研究發現，凝集素蛋白質，在穀物、莢果、堅果、種子、茄果類（番茄、椒類、茄子、馬鈴薯）和南瓜（主要是皮和種子）中最為豐富。這些植物防禦機制難以消化，而且跟麩質一樣，凝集素可能造成消化問題並在許多人身上引發炎症[6]，危害腸道屏障。凝集素也可能與胰島素[7]和瘦素（leptin）[8]受體部位結合，激起激素的阻抗模式。

- **酶抑制劑。** 你的身體製造酶來幫助消化，但穀物內含阿爾法澱粉酶（alpha-amylase）抑制劑和蛋白酶抑制劑，可以抑制這些消化酶，如果你是敏感體質，就會造成消化困難。

- **植酸和植酸鹽。** 這些化合物是抗營養物質[9]，與身體中的鈣和鐵之類的礦物質結合，使你無法利用鈣和鐵。植酸鹽的存在可能促使骨質疏鬆之類的礦物質缺乏症持續存在。

- **皂素（saponin）。** 這些抗營養物質[10]在藜麥之類的假穀物之中含量尤其高，可能會在敏感人士身上造成炎症並促成腸道通透性。

- **糖。** 穀物的含糖量高，可能導致血糖和胰島素飆高，也可能在易感人士身上產生胰島素阻抗、代謝症候群、糖尿病前期、第二型糖尿病。

- **歐米加6（ω-6）含量高。** 為了得到最理想的健康狀態，脂肪是必不可少的，但有炎症性脂肪和抗炎脂肪。穀物富含多元不飽和ω-6脂肪，一旦與ω-3脂肪不成比例，就會造成發炎。由於多數人攝入過多的ω-6脂肪，因此穀物可能會促成這個失衡。

同樣重要的是，要記住，由於異種交配、雜交，基因改造、在穀類作物上頻繁使用嘉磷塞（glyphosate）之類的農業化學品，穀物已經變質了，不是它們的原型。你不需要穀物就可以得到纖維，而且蔬菜和水果的營養密度遠遠高於穀物，沒有麩質、凝集素、酶抑制劑、植酸鹽、ω-6脂肪酸的有害影響，以及我已經提到的所有其他負面性。你不需要害怕你會「欠缺穀物」，沒有這種事。

在「重新整合」階段，當你的炎症已經冷卻時，你可能會注意到，你能夠耐受某些穀物，不耐受其他穀物。如果你想要把穀物帶回來，捨棄它們一段時間，是準確讀取你的身體回應的唯一方法。

如何捨棄穀物：停止食用小麥、大麥、黑麥、斯佩爾特小麥、燕麥、大米、玉米、藜麥、任何其他穀物製成的一切食品。那意謂著，沒有麵包、義式麵食、喜瑞兒穀片或是鬆餅和餅乾之類的烘焙食品。起初這似乎是不可能的，尤其如果你的飲食目前是以穀物為重，但是別擔心——還有許多美味的抗炎食品供你享用！

該要剔除的穀物

- 小麥，包括去麩小麥粒（wheat berry）、小麥片（bulgur wheat，例如加在塔布勒〔tabbouleh〕沙拉中）、小麥奶油（Cream of Wheat）＊，以及用小麥（例如小麥啤酒）或小麥麵粉製成的任何東西，包括白麵粉和全麥麵粉：大部分類型的麵包、義式麵食（硬粒小麥〔durum wheat〕和粗粒小麥粉〔semolina〕都是小麥）、貝果、英式鬆餅、蛋糕、餅乾、甜甜圈等等。
- 大麥（常加在湯裡）以及用大麥製成的任何東西，包括多數的啤酒。
- 黑麥，包括用黑麥製成的任何東西，例如黑麥麵包和黑麥威士忌。

＊ 譯註：「小麥奶油」是美國澱粉品牌，是一種由小麥粗麵粉製成的早餐粥混合物。

- 斯佩爾特小麥和斯佩爾特小麥製成的任何東西，例如斯佩爾特椒鹽脆餅和斯佩爾特小麥麵包。
- 燕麥，包括燕麥片和燕麥粉製成的任何東西，例如燕麥麵包、格蘭諾拉脆穀麥（granola）、木斯里原味穀物（muesli）。
- 大米，包括糙米、白米、紅米、印度香米、泰國香米、壽司飯。
- 玉米，包括新鮮玉米和玉米製成的任何東西，例如玉米粉、玉米薄餅、玉米片。
- 所有其他穀物，包括所謂的古代穀物：藜麥、小米、莧菜籽、卡姆小麥（Kamut）、單粒小麥（einkorn）等等。

該要納入的無麩質食品

- 不要在早上烤麵包，嘗試食用撒上鹽巴和胡椒的酪梨，用湯匙舀出來吃。
- 綠色蔬果昔是快速、高營養密度的選項，適合匆忙的人，或是不喜歡早餐吃飽飽的人。如果你只執行核心4路線，蛋是另一個不錯的早餐選項。
- 至於三明治，請用萵苣葉、寬葉羽衣甘藍葉，或蘑菇菌蓋代替麵包、小圓麵包、玉米薄餅。
- 番薯可以製成薯片或薯條，滿足你可能正在渴望的澱粉味道，或是搗碎，製成澱粉類配菜。
- 蔬菜片可用厚葉綠色蔬菜製成，例如羽衣甘藍，或是切片的根莖類蔬菜，例如胡蘿蔔、甜菜根、木薯（cassava）。我也喜歡木薯玉米薄餅。
- 大蕉（plantain）製作出很讚的大蕉片。不妨嘗試一下這種美味的南美式「墨西哥玉米片」（nachos）。
- 試著用無穀物粉烘焙，例如椰子粉、杏仁粉、葛根（arrowroot）粉、樹薯澱粉（tapioca starch）、大蕉粉、木薯粉、油沙豆（tigernut）粉（市面上有許多不錯的無穀物烘焙書）。

第二天（核心4和剔除8共同）：乳製品

也許你從小就認為，奶最適合你。奶含有蛋白質和鈣，加上許多人將奶與孩童營養聯想在一起，因此看起來好像奶一定是健康食品。然而，對許多人而言且基於許多原因，乳製品會造成發炎。雖然不用生長激素和抗生素的草飼乳牛，所生產的優質有機奶可能對你的身體系統有莫大的好處，但我發現，在飲食沒有乳製品的情況下，我的許多患者感覺比較好。有些人的確表示，雖然牛奶使他們起反應，但他們卻可以接受山羊奶、綿羊奶或駱駝奶（是啊，這事挺重要的）。雖然這些奶也含有乳糖（乳汁中天然存在的糖，導致許多人有胃腸道問題），但來自乳牛以外的動物的奶，的確含有不同類型的酪蛋白（一種奶蛋白），比較容易消化。不管怎樣，目前你將遠離所有的動物性乳製品，讓你的系統休息一下。在剔除期過後，你就可以斷定某些乳製品是否適合你。

假使沒有花俏的法式山羊乳酪、運動後吃的奶昔，或是早上的希臘式優格，你該怎麼生活呢？別擔心。有許多美味且到處都有的植物性「乳製」產品，可以伴你度過難關。

為何（目前）捨棄乳製品：有各種原因促使人們可能對奶、冰淇淋、優格、鮮奶油、乳酪之類的乳製品起反應。

- **乳糖**。乳糖不耐者缺乏可以消化含乳糖乳製品的酶。對這些人而言，食用乳製品可能導致不舒服的消化問題，從腹脹、脹氣到腹瀉。
- **酪蛋白和／或乳清**。能夠毫無問題地消化乳糖的人，可能有不同的問題——他們可能對乳汁中的蛋白質不耐受或敏感，尤其是酪蛋白和乳清。對過度反應的免疫系統來說，酪蛋白分子看起來可能酷似麩質分子，因此，對某樣東西敏感的身體往往也對另外一樣東西敏感，造成消化道發炎。如果酪蛋白蛋白質因為腸道的通透性而通過具有保護作用的腸壁，可能會引發更嚴重的反應，例如自體免疫。對酪蛋白或乳清不耐受或敏感的人，乳製品也可能引發嚴重的消化問題，例如胃痙攣和腹瀉，以及其他看似無關的影響，例如呼吸問題、嘔吐、蕁麻疹、關節疼痛、極度疲憊、神經方面的症狀、行為上的改變（甚至在對乳品中的酪蛋白或乳清蛋白過敏的人身上造成過敏反應）。

■ 添加劑。想要連著奶一起喝下生長激素嗎？超市裡常見的傳統奶往往來自注射過牛科生長激素的乳牛，酪農們透過此法設法增加奶產量。目前還不知道這可能對飲用者造成什麼立即或長期的影響，但我建議不要攝取這些激素，我認為這些對人體來說是外來的異生物質。此外，乳牛往往被注射了滿滿的抗生素，預防或治療因擠奶機刺激或感染而引發的乳腺炎。那意謂著，在每一杯乳牛生產的牛奶中，你可能喝下了額外劑量的殘餘抗生素，八成還有一些乳腺炎膿。

■ 加入的糖。當然，巧克力奶之類的調味奶，含有大量你遲早一定會捨棄的添加甜味劑。

認識你的乳牛：A1 和 A2 酪蛋白

酪蛋白有兩大類型。酪蛋白的 A1 亞型[11]在美國最常見，這類酪蛋白是由來自北歐的乳牛生產的，例如霍爾斯坦（Holstein）與弗里斯蘭（Friesian）品種。雖然這項研究還不確定，但目前新興的研究顯示，含有更多 A1 酪蛋白[12]的乳品往往比較容易造成發炎，且難以消化，甚至可能促成某些健康課題，例如糖尿病和心臟病。

然後是比較古老的 A2 酪蛋白。A2 是乳牛牛奶中的亞型，最初來自法國

南部和英屬海峽群島，例如根西島（Guernsey）和澤西島（Jersey）乳牛
——許多這兩類品種現在正在紐西蘭和法國生產牛奶。根據初步研究（以
及我的許多患者的個人報告），含較多 A2 酪蛋白的牛奶比較不容易造成發
炎，比較容易消化。此外，它的營養素含量可能也比較豐富。雖然多數傳統
乳製品目前並沒有標示其酪蛋白類型，但隨著了解這個差異的人愈來愈多，
愈來愈多的公司目前在他們的產品中標示是 A2 類型。如果你真的決定在本
書的剔除階段之後嘗試重新引進乳製品，那就尋找由 A2 乳牛品種的產乳製
成的乳製品，或是紐西蘭和法國以及非洲和印度生產的牛奶。目前，我們要
將 A2 和 A1 兩種乳製品全都剔除掉，但請記住，在重新引進時，許多人可以
耐受草飼的 A2 乳製品（尤其是乳酪和優格之類的發酵乳製品）。

如何捨棄乳製品：將所有的奶、冰淇淋、優格、乳酪，以及內含乳糖或
酪蛋白的其他任何東西移出你的飲食，無論東西是來自乳牛、山羊、綿羊、
貓或任何其他動物。

該要剔除的乳製食品

剔除掉下述任何項目，只要它們來自乳牛、山羊、綿羊、馬、駱
駝……所有牲畜。

- 奶
- 奶油（印度酥油除外，酥油很不錯，是指移除掉乳品蛋白質的澄清奶油）
- 鮮奶油
- 優格
- 冰淇淋
- 乳酪

　　該要改吃些什麼：還好，有大量的抗炎植物乳製品，由堅果、種子或椰子之類的無麩質穀物製成（對於在剔除8路線上的人來說，堅果和種子奶目前是無妨的，但你將在幾天後剔除這些。必要的話，可以將它們當作乳製品的過渡產品。你可以持續食用椰奶產品，沒問題的）。無乳製品的優格、乳酪、冰淇淋，過去幾年來全都大幅改善了，所以，如果你有好一段時間不曾嘗試過這些，不妨再試一次。你可能會發現，你甚至不想念牛奶了。

該要納入的無乳製品食物

　　不妨尋找植物奶。如果你正在執行核心4路線，請查出由椰子、杏仁、腰果、榛子、火麻籽或任何其他堅果或種子或豌豆製成的奶。由堅果製成的乳酪（各種新式手工品牌，尤其是用可塗抹的類奶油乳酪製成的產品）幾乎與乳製乳酪無啥差別。如果你正在執行剔除8路線，目前可以喝堅果奶，但椰子製成的產品始終是適合你的美好乳製替代品。椰子內含你的腦子一定會喜愛的那一類脂肪。

第三天（核心4和剔除8共同）：所有添加的甜味劑

　　這一項是不用動腦筋思考的——因為過多的糖絕對會害你的腦子發炎，導致認知功能受損和記憶力下降[13]。我很確定你喜歡你的腦子，希望它持續運作到老年。所以，我們來把甜味劑趕出去吧。

　　為何（目前）捨棄添加的甜味劑：大量研究證明，精製糖，例如白糖、紅糖、高果糖玉米糖漿（或任何玉米糖漿），以及類似的廉價甜味劑，在幾乎每一個人身上都會引發炎症，而且可能增加你罹患許多慢性疾病的風險，包括糖尿病、肝病、心臟病[14]（即使你沒有超重，糖也會增加你死於心臟病的機率[15]）。人造甜味劑可能更糟，它們玩弄你的腸道細菌，害你失衡，導致體重增加[16]，儘管你可能會以為，選擇無卡路里飲料是做著與這一切相反的事。然而，就連天然甜味劑也會使你不斷聚焦在甜味，而不是精煉你的味覺，去欣賞食物的天然甜味。

糖是會使人上癮的。美國人平均一生消耗大約一六一〇公斤的糖——相當於一百七十萬顆Skittles彩虹糖，或是一只裝滿白糖的工業用大型垃圾箱。我們目前要忽略那只垃圾箱，同時不斷將所有添加的甜味劑排出體外。之後，你可能會發現，你可以重新引進某些天然甜味劑，但你不會確切知道自己是否耐受這些天然甜味劑，除非你捨棄它們一段時間。

如何捨棄這些：戒糖有點像戒菸。有時你必須快速戒掉壞習慣。一開始，你可能會有強烈的渴望，但要堅持下去，不要屈服於壞習慣。幾天內，渴望應該會消退，或是至少抵抗起來容易多了。

該要剔除的添加甜味劑

- **白糖或紅糖**，各種類型且基於各種用途的白糖和紅糖，從早餐茶到餅乾和蛋糕之類的烘焙食品。
- **糖漿**，例如玉米糖漿、高果糖玉米糖漿、楓糖漿、糙米糖漿、龍舌蘭蜜、蜂蜜、椰棗糖漿。
- **天然甜味劑**，包括椰子糖、椰棗糖、楓糖、玉米糖、蒸餾甘蔗汁、甘蔗汁晶體、甜菜根糖、甜菊糖、羅漢果、木糖醇之類的醣醇、濃縮果汁。
- 內含**人造甜味劑**的任何東西，包括阿斯巴甜代糖（aspartame，品牌有Equal和NutraSweet）、糖精（品牌有Sweet'N Low）、三氯蔗糖（sucralose，品牌有Splenda）、乙醯磺胺酸鉀（acesulfame K，品牌有Sunett和Sweet One）。

- 原料清單上含添加甜味劑的任何包裝食品。糖有許多名稱──不只是上述列出的糖和糖漿，還包括焦糖、玉米甜味劑、固態玉米糖漿、果糖、右旋糖、糊精、葡萄糖、麥芽糖、麥芽糊精、蔗糖⋯⋯以「糖」（-ose）為字尾的任何東西。

- 糖果。所有糖果。

- 蘇打汽水、無糖汽水、能量飲料、瓶裝水果飲料。

- 大部分甜點──蛋糕、餅乾、乳酪蛋糕、布朗尼、派、布丁等等，包括購買的或自製的。糖也經常被添加到水果乾中，且糖和／或人造甜味劑幾乎總是存在於調味的優格、格蘭諾拉脆穀麥、早餐喜瑞兒穀片之中。你可以吃無糖水果乾和無糖非乳製品優格（例如純椰子優格）。

- 非甜味食品中隱藏的甜味劑，例如番茄醬、燒烤醬、義大利麵醬、湯、薄脆餅乾、沙拉醬、罐頭水果、熟食沙拉（例如涼拌菜絲和青花菜沙拉）、瓶裝茶等等。要讀一讀標示，了解用糖情況。

　　該要改吃些什麼：自然界中有許多美味的甜味選項，例如新鮮水果（這是天然糖果）、根莖類蔬菜（尤其是番薯和山藥）、椰子，乃至一些天然香料，例如肉桂和洋茴香，以及有甜味但無糖的花草茶。無糖水果乾也行，但不要吃太多，因為天然的水果糖是經由乾燥過程濃縮而成。對某些人來說，最好暫且遠離所有甜食，才能讓味覺突破壞習慣。

　　幾天後，當你的味蕾從精製糖的過度刺激中回復過來且變得比較敏感（這在某些人身上發生得比較快，在其他人身上則需要較長的時間），天然食物吃起來會甜上許多。有些人可以接受天然甜味劑，能夠適量食用這些。如果你是這種人──或是如果你今天絕對需要甜味，而且刻不容緩──不妨嘗試下述列出的任何東西。如果你對甜食沒有渴望，那就看看是否可以不吃任何甜食，然後看看你有何感覺。

該要納入的天然甜味食品

食用甜蜜而新鮮的水果乾是一大樂事，而且適度享用這些是好的。品嚐所有的甜味草本、花草茶（當然，不加甜味劑）以及其他你喜歡的天然甜味全食物，例如：

- 生的或乾燥的（無糖的）椰子
- 生的可可豆或長角豆（carob）。灑在半條香蕉上，加一些椰子——很像糖果棒，但好吃多了。要當心任何添加的糖。
- 甜味草本和香料——肉桂、洋茴香、五香粉、小荳蔻、丁香，芫荽籽、甜茴香、薄荷、羅勒或龍蒿（tarragon）。
- 花草茶。許多是天然甜味。
- 不含氣泡的水或氣泡水，用新鮮水果調味。

第四天（核心4和剔除8共同）：炎症性油品

你可能已經被告知，蔬菜油比動物脂肪更適合你，但事實並非如此[17]。真相是，加工過的工業種子油和穀物油，例如玉米油、芥花籽油，以及那個神祕的「蔬菜油」，都容易造成發炎。

為何（目前）捨棄這些：為了提取這些油，種子必須經受高溫，然後用石油溶劑將油質取出，再以化學方法進一步處理，移除過程中的副產物。再者，它們常是有色的、有香味的，因此聞起來跟原本真正的狀態不一樣——有種侵蝕性化學製程造成的不自然結果。此外，這些油經常內含人造抗氧化劑，例如，BHA（丁基羥基茴香醚）和BHT（二丁基羥基甲苯），才能長期貯存。嗯，考慮一下老式壓榨法製作的油吧……

比起來自橄欖和椰子的油品（經由美好的老式壓榨法，更自然地萃取），蔬菜油還包含更多的多元不飽和脂肪酸。這些多元不飽和脂肪很容易氧化，因此這些油常是炎症性自由基的主要來源，尤其是在加熱時。至於剔除8計畫的其餘部分，我們會堅持採用更多天然、抗炎的油品，例如冷壓橄欖油、椰子油、酥油（移除了固態乳品的澄清奶油）。

如何捨棄這些：沒有必要捨棄所有的油或添加的脂肪。有好油，也有壞油。你需要做的是了解兩者的差異，然後堅持用好油。如果你一直使用大量的工業種子油，你的炎症水平必定會快速反應這樣的轉換。

該要剔除的炎症性油品

- 玉米油
- 芥花籽油
- 葵花籽油
- 大豆油
- 棉籽油
- 紅花籽油
- 葡萄籽油
- 米糠油
- 蔬菜油
- 人造奶油和「奶油塗抹醬」
- 多數包裝食品均內含脂肪。請細讀標示。

該要改吃些什麼：有壞油，有好油，而且兩者有天壤之別。壞油造成發炎，但好油是抗炎的，而且是用營養素和增強腦力的脂肪灌注你的身體，這些脂肪平衡激素，有益於每一個系統。有些油最適合以未煮過的狀態食用，例如特級初榨橄欖油，有些則適合烹飪，例如椰子油或酪梨油。

該要納入的抗炎油

冷壓油，可以生食（不要用冷壓油烹飪）：

- 特級初榨橄欖油
- 特級初榨酪梨油
- 特級初榨椰子油

適用於烹飪的油品和脂肪：

- 酪梨油
- 橄欖油（非特級初榨）
- 椰子油
- 草飼酥油（澄清奶油──這來自奶，但因為乳糖和酪蛋白不再存在，因此適合在剔除8和核心4路線上食用）
- 棕櫚起酥油（palm shortening，僅限有機）

　　核心4路線族群就此止步，你們可以繼續閱讀下一章。剔除8成員，跟我一起留下來吧！你們還有四天喔。

第五天（剔除8）：莢果

　　莢果（legume）──豆類家族和豌豆家族，包括花生和大豆──品質多樣多變，因此可能造成某些人發炎。莢果內含凝集素和植酸鹽，可能引發炎症並干擾礦物質的吸收[18]。就花生而言，還存有黃麴黴菌污染的可能性。凝集素是植物的部分防禦機制[19]。平均而言，一五％的莢果蛋白質是凝集素。人類的免疫系統已經演化成可以產生抗體保護我們免受凝集素影響，但並不是每一個人的遺傳基因都能夠有效地產生足量的抗體，保護我們免受每一種凝集素的影響[20]。也因此，有些人對食物中的凝集素比其他人敏感。你一定能夠在重新引進期間測試你對莢果的耐受性。

　　註：如果你吃純素或是蛋奶素，務必好好考慮將野生捕撈魚之類的動物產品帶回到你的飲食中，至少在執行剔除8計畫期間（但並不強制——我已經討論過蛋奶素或純素食者如何執行這套剔除飲食法）。

該要剔除的莢果

- 所有豆類，包括斑豆、黑豆、白豆、紅豆、白腰豆、腰豆、皇帝豆、蠶豆、鷹嘴豆、綠豆。
- 所有扁豆。
- 大豆和所有大豆製品，包括毛豆、豆腐、味噌、醬油、大豆製天貝。
- 任何包裝好或加工過的食品和蛋白粉，內含的任何原料含「大豆」一詞，例如大豆分離蛋白。
- 花生和所有花生製品，包括花生醬和花生沙嗲醬。

　　註：含豆莢的新鮮豌豆和豆子，例如四季豆、青豌豆、荷蘭豆，都是可以食用的。

該要納入的無莢果食品

- 澱粉類蔬菜可能與煮熟的豆類質地相似。將切成方形的番薯、蕪菁或蕪菁甘藍（瑞典大頭菜）加到湯或辣椒中，或是嘗試將它們搗碎，代替煎豆泥——適合搭配墨西哥夾餅（taco）。

■ 蘑菇——各種類型；整顆、切片或切塊——製作成像肉一樣、營養豐富的食物補充品，也是絕佳的莢果替代品。

第六天（剔除8）：堅果和種子

對某些人來說，堅果和種子可能很難消化，它們內含凝集素和粗糙的原料，可能會刺激某些人的消化道和免疫系統[21]。堅果和種子的另一個潛在問題，是傳統烘烤法以及被添加到商店買到的堅果和種子裡的工業種子油。吃了氧化過的油可能會導致更多的炎症。

註：在遠離乳製品的過渡期間，假使截至目前為止，你一直在飲食中納入杏仁或其他堅果奶，那麼，如果你還是覺得自己需要奶類替代品，今天就是轉向只吃椰奶類乳製替代品的日子。

該要剔除的堅果和種子

堅果

- 橡實（獻給現在讀到這段的松鼠）
- 杏仁
- 巴西堅果
- 腰果
- 栗子
- 榛子
- 山核桃
- 核桃
- 可樂果（kola nuts）
- 夏威夷豆
- 美洲山核桃（pecan）
- 霹靂果（pili nut）
- 松子
- 開心果
- 印加果（sacha inchi）

種子

- 奇亞籽
- 亞麻籽
- 火麻籽
- 罌粟籽
- 南瓜籽
- 芝麻籽
- 紅花籽
- 葵花籽

該要納入的無堅果和無種子食物

在囊括堅果或種子的食譜中，或是為了有方便的零食吃，皆可嘗試下述食品作為替代品：

- 乾燥的椰片或椰絲（無糖）
- 乾燥的藍莓、酸櫻桃或醋栗（無糖）
- 木薯片
- 大蕉片
- 油莎豆（油莎豆其實是小型的根菜類，不是堅果）
- 乾燥過的香蕉片
- 烤過的蔬菜「片」，在風乾機或低溫烤箱中風乾（試試看羽衣甘藍、切成薄片的南瓜，或是切成薄片的根莖類蔬菜）。
- 美味食譜中的乾酪味營養酵母

第七天（剔除8）：蛋

許多人，包括我在內，吃蛋是毫無問題的。然而，對某些人來說，蛋清中的白蛋白卻可能造成發炎，尤其是對患有自體免疫病症的人來說。事實上，你認為非常健康的蛋白歐姆蛋可能是你的身體無法忍受的東西。蛋白是食物敏感的常見來源，而且對某些人來說，全蛋也是問題所在。少了蛋可以讓你睜開眼睛，有機會看見其他更有趣的早餐，何況這些早餐在烘焙時並不需要蛋（各式無蛋早餐，請見124頁開始的食譜）。

該要剔除的含蛋食品

- 來自雞、鴨或任何其他鳥類的一切蛋白和全蛋。
- 含有全蛋或蛋清的任何食物，例如美乃滋、傳統烘焙製品、蛋白霜（請注意，無蛋美乃滋八成內含炎症性油品──你可以改用236頁的食譜自製美乃滋）。
- 在所有原料標示上尋找蛋和蛋白。

該要納入的無蛋食品

- 烘焙時，以下任何食品的營養都相當於兩顆蛋：一條超熟的香蕉，搗碎；四分之一杯蘋果醬或南瓜泥；或是任何的無麩質蛋代用品（例如鮑伯紅磨坊〔Bob's Red Mill〕或Ener-G的產品。你可以使用的最優無穀物烘焙粉是椰子粉和木薯粉）。
- 嘗試用切絲番薯或削切成薄片的球芽甘藍和洋蔥製成的美味早餐泥，用酥油或椰子油煎至酥脆，加一大匙營養酵母即可製造出雞蛋、乳酪般的效果。
- 加酪梨片和海鹽的無穀物和無蛋吐司，是絕佳的早餐三明治替代品。我喜歡美味的木薯麵包。你也可以多加一些鮭魚或一塊草飼牛肉餅。
- 黑鹽內含硫磺味，令人聯想到蛋。可以在美味的早餐裡加些黑鹽。
- 嘗試將蔬菜湯或有機雞肉香腸當作早餐。

第八天（剔除8）：茄果類

　　茄果類蔬菜含有生物鹼，對某些人來說會造成發炎，尤其是患有類風濕性關節炎、狼瘡、其他自體免疫性病症的患者，或是帶有不明原因的關節疼痛、消化或皮膚問題的患者[22]。許多茄科植物是不可食用的（例如牽牛花），許多是有毒的（例如顛茄）。可食用的茄科植物算是人氣極高的食物（例如馬鈴薯和番茄），而且大部分的人並不會因食用這些茄果類而造成嚴重的問題。然而，如果你有慢性健康問題，你可能會對這些食物很敏感。而我們要查出你是否對茄果類蔬菜敏感。

該要剔除的茄果類

- 番茄
- 馬鈴薯（各式馬鈴薯，番薯除外）
- 茄子
- 椒類，各種類型，包括甜椒和所有辣椒
- 西班牙椒（Pimiento）
- 黏果酸漿（tomatillo，墨西哥綠番茄）
- 枸杞
- 卡宴辣椒（cayenne pepper）
- 辣椒粉
- 咖哩粉
- 紅甜椒粉（paprika）
- 紅椒片
- 菸草（你需要另一個不吸菸的理由嗎？這裡還有一個）

該要納入的茄果類替代品

什麼，沒有莎莎醬？沒有番茄醬？沒有炸薯條？還好，有許多食物可以代替你最愛的茄果類食物。

- 番薯——烘烤、搗碎、乾燥成片或是製成番薯條。我好愛日式番薯。
- 將任何根莖類蔬菜切成薯條形狀，刷上椰子油或酥油，烘烤至酥脆。
- 將胡蘿蔔、甜菜根、南瓜或奶油南瓜煮至軟爛，製成濃湯醬汁。
- 用切成小塊的黃瓜、切成小塊的涼薯（jicama）或日本蘿蔔、甜洋蔥、新鮮蒜末、芫荽葉、海鹽，製作成莎莎醬或「公雞嘴醬」（pico de gallo）。也可以加入芒果丁。

展開下一階段

既然你已經完全剔除了未來幾週要從生活中摒除的每一樣東西，而且握有你需要的一切相關資訊，明白為什麼這些食物可能對你造成發炎、如何讓它們脫離你的生活，以及你該要改吃和改做些什麼，那你就是準備就緒，要展開計畫的下一階段了。在下一階段，你將會有效地平息炎症，使身體處在提高覺知和增強活力的狀態。你即將感覺到更加美好，而且速度飛快，所以，要準備好，好好體驗炎症消退時你可以享有的生活。

第 5 章

四週／八週養成抗炎體質

　　歡迎來到你的剔除旅程的核心與靈魂。歸根結柢，你剔除特定的食物並不是為了用另一種飲食法懲罰自己。你正在剔除慢性炎症。你正在剔除腦霧、疲憊、消化問題、體重增加，或是炎症在你身上造成的任何健康問題。你正在剔除混亂，看看什麼最適合你的身體、什麼不適合你的身體。

　　接下來的四或八週期間，你將會養成比較好的習慣，學習如何以不同的方式進食，享受減少炎症和回復健康的感受。在我們一起走過接下來幾週的過程中，我已為你找到了許多的提示、樂事、支援。要愛上成為最佳版本的自己的過程。全人健康是神聖的藝術，而你是曠世傑作。每一週，你都會有一系列待辦事項、一席激勵你的話鼓舞你向前邁進，以及每週一次的犒賞——某樣感覺好玩而頹廢的東西——可以預期。以下是你將在本章學到的內容：

1. 食品清單，囊括你可以食用的所有驚人、美味、健康、抗炎的食物。雖然你在核心 4 路線上的食物清單比較長一些，但你會發現，即使是在剔除 8 路線上，你還是會有一份相當長的食物清單可以好好享受。

2. 一份清單，列出你也要一併剔除的八個炎症習慣——或者，假使你的問題 沒有那麼多，那就選擇是你的問題的那幾項。你將會每週剔除一個習慣。

3. 週前準備步驟，或是一份每週的週前待辦事項清單。

4. 專為核心4和剔除8路線設計的一週抗炎飲食用餐計畫實例。

5. 一週一週過關，有許多事項可以學習和執行。

千萬別亂吃

不要偏離你的計畫。一開始，我就要如此措辭強烈地告訴你。如果偏離 了，一定會折損你在抗炎上的努力。除此之外，有那麼多營養密度高的美味 食物可以食用——為什麼要暗中破壞你下過的所有苦工、減損這個計畫的力 量呢？不管怎樣，我理解，有時候，那種事可能會發生在無意間（或是「刻 意意外地」發生）。如果你出了差錯，以下告訴你該怎麼做：

- 如果發生在核心4路線的前兩週或剔除8路線的前四週：重新開始。 是的，就回到第一天。嚴厲吧，或許是，但我是說真的。我希望你得 到最好的結果，確切地知道你的身體喜愛什麼、厭惡什麼。如果你希 望這個計畫奏效，那麼偏離你的計畫代表你要回到最初，重頭開始。

- 如果發生在核心4路線的後兩週或剔除8路線的後四週：繼續執行。 你一定會多少折損計畫的有效性（折損的程度相當於你吃了什麼和吃 了多少），但這時候，你的炎症應該是大幅下降了，所以你可能比較 有辦法應付自如。

那表示，如果你曾經偏離計畫，絕不要再那麼做。千萬不要讓所有的努 力變成徒勞無功。最終的結果一定值得你努力謹守完全為你開立的計畫。我 不喜歡「作弊」這個詞。這與你無法擁有的一切食物無關，與引誘你作弊的食物無關。如果某樣東西有可能害你發炎，你一定想要知道，它是否可以為你的身體所用，還是對你的身體無效。請忘掉節食、剝奪、羞恥、規章制度。聚焦在愛你的身體，愛到足以發現使你感覺更好而不是更糟的食物。要意識到這個更深層的目的。

該吃些什麼？

在重新引進之前，不要關注你現在不吃的食物，這樣才能將炎症一筆勾銷（我已經在前一章清楚點出了那些食物），不論你目前是在分類的哪一個路線上，且讓我們聚焦在你可以食用的所有美味、具療效的食物，包括每天或每週應該要嘗試納入飲食的每一種食物（當然，如果你知道你對這份清單上的某樣食物過敏，那就直接刪去）。以下是該要吃些什麼。

1. 乾淨的蛋白質

每餐的目標是一至一又二分之一手掌大小的分量，如此，你的膳食總是包含蛋白質。雖然我們的目標是這些分量，但並不是所有蛋白質的含量天生全部一樣。在此，我已經按照優先順序將這些蛋白質列出來──盡可能從清單頂端的來源攝取最大量的蛋白質，從清單底端的蛋白質來源攝取最少量的蛋白質。

海鮮

焦點放在海鮮，以海鮮作為你的蛋白質的主要來源。除非你對魚類或貝類過敏，否則海鮮是營養和優質脂肪的絕佳來源。以下是我推薦的低汞含量海鮮：

- 野生捕撈的阿拉斯加鮭魚
- 長鰭鮪魚（捕撈區在美國、加拿大、野生、極地）
- 鯷魚
- 北極紅點鮭（Arctic char）
- 大西洋鯖魚
- 尖吻鱸（barramundi）
- 鱸魚（海鱸、條紋鱸、黑鱸）
- 鯧魚
- 鯰魚
- 蛤蜊
- 鱈魚（阿拉斯加）
- 螃蟹（美國國內）
- 淡水龍蝦／小龍蝦
- 大西洋黃花魚（Atlantic croaker）
- 比目魚
- 緋魚
- 龍蝦
- 鬼頭刀（mahimahi）
- 淡菜
- 牡蠣
- 明太鱈（pollock）
- 虹鱒
- 沙丁
- 扇貝
- 蝦子
- 鰹魚（美國、加拿大竿釣野生鰹魚）
- 太平洋比目魚（Pacific sole）
- 烏賊（魷魚）
- 吳郭魚
- 鮪魚（罐裝厚片低脂）
- 白鮭
- 黃鰭鮪魚（美國、大西洋竿釣野生黃鰭鮪魚）
- 黃鰭鮪魚（中西太平洋手絲捕釣野生黃鰭鮪魚）

有機禽肉，最好來自牧場或是野生禽類

- 雞
- 鴨
- 鵝
- 鴕鳥
- 鵪鶉
- 火雞

有機肉類，最好來自草飼、放牧或野生動物

- 牛肉
- 野牛肉
- 麋鹿肉
- 羔羊肉

- 豬肉
- 兔肉
- 鹿肉

購買動物蛋白質時，應該要查找幾個關鍵字詞或敘述，可以幫助你取得符合預算的最優品質。

- 海鮮應該標示為「野生捕撈」，而且應該是被列為含汞量較低的魚類。吃鮪魚和鱸魚之類的魚時，不妨尋找我列出的特定來源，選擇針對汞含量做過驗證測試的品牌。有許多有意識的品牌高於且超越這些標準，這些品牌提供安全、健康、低汞來源的魚肉。
- 牛肉應該標示為來自草飼、有機的牛肉。
- 禽肉和豬肉最好是自由放養和牧場飼養。
- 如果購買有機肉品，可以購買骨頭上較肥的部分。有機脂肪含有驚人的營養素和礦物質。
- 如果找不到有機肉品或是有機肉品不符合你的預算，那就只選擇瘦肉，因為傳統方法飼養的動物可能在脂肪中囤積炎症性毒素。

逐步引進動物性蛋白質

如果你一直沒吃肉，決定嘗試重新引進肉品，那麼一開始要慢慢引進，以便喚醒你的胃腸系統。許多吃蛋奶素或純素食的人可能有胃酸過低的毛

病，難以消化蛋白質。不妨考慮在飯前服用消化酶補充劑和鹽酸甜菜鹼（betaine HCL），搭配胃蛋白酶或牛膽汁，在一開始時幫助消化，直到你的身體調整好為止。身體一定會調整。

2. 植物性蛋白質

如果你想靠乾淨的動物性蛋白變得更輕盈，可以引進更多的植物性蛋白來源。

利益核心4族群

- 麻籽貝（hempeh，火麻籽製成的天貝）：每0.1公升含22公克蛋白質
- 納豆（有機非基因改造）：每1杯含31公克蛋白質
- 天貝（有機非基因改造）：每1杯含31公克蛋白質
- 火麻蛋白粉：每4大匙含12公克蛋白質
- 火麻仁／火麻籽：每1杯含40公克蛋白質
- 印加果籽蛋白粉：每¼杯含24公克蛋白質
- 扁豆：每1杯含18公克蛋白質
- 綠豆：每1杯含14公克蛋白質
- 霹靂果：每1杯含13公克蛋白質
- 鷹嘴豆：每1杯含15公克蛋白質
- 杏仁醬：每¼杯含6公克蛋白質

利益剔除8和核心4族群

- 瑪卡（maca）*粉：每1大匙含3公克蛋白質
- 豌豆：每1杯煮熟的豌豆含9公克蛋白質（注意，剔除8路線不禁豆莢中的新鮮莢果）
- 營養酵母：每1大匙含5公克蛋白質
- 綠藻或螺旋藻：每1大匙含4公克蛋白質
- 菠菜：每½杯煮熟的菠菜含3公克蛋白質
- 酪梨：每½顆酪梨含2公克蛋白質
- 青花菜：每½杯煮熟的青花菜含2公克蛋白質
- 球芽甘藍：每½杯含2公克蛋白質
- 朝鮮薊：每½杯含4公克蛋白質
- 蘆筍：每1杯含2.9公克蛋白質

3. 農產品

關於營養密度高且抗炎的飲食，蔬菜是關鍵，而且蔬菜應該要構成你的膳食的主要部分。參閱下述每一個類別，找出每天該要囊括在內的分量。

優先考慮有機食物

可能的話，永遠選擇有機水果和蔬菜。假使不可能，務必澈底清洗。用冷水填滿水槽，加入一杯白醋，讓水果和蔬菜浸泡十五分鐘。沖洗，拍乾，貯存起來。關於殺蟲劑污染最嚴重的蔬菜，以及污染較少且可以購買

---

* 譯註：原產於南美洲安地斯山脈上的植物，又叫「印加蘿蔔」。

的非有機蔬菜，如需更多資訊，請見「美國環境工作組織」（Environmental Working Group）每年發布和更新的「骯髒一打和乾淨十五」（Dirty Dozen and Clean Fifteen）清單[1]。

蔬菜

　　食用分量多寡沒有限制，但目標是，每天至少四杯蔬菜！要計畫每餐至少吃一杯多的蔬菜，外加點心。聚焦在取得各種不同的顏色，強調含葉酸的綠葉蔬菜，那是維持甲基化通路必不可少的。眼睛盯著你可以享有的一切不同且超讚的美味蔬菜吧。我希望你願意探索並嘗試新的選項。蔬菜應該是你的飲食的核心和焦點。

- 朝鮮薊
- 芝麻菜
- 蘆筍
- 小白菜
- 青花菜
- 青花菜芽
- 球芽甘藍
- 高麗菜
- 花椰菜
- 西洋芹
- 牛皮菜
- 韭菜
- 蘑菇

- 寬葉羽衣甘藍（collard greens）
- 黃瓜
- 紫紅藻（dulse）
- 苦苣（endive）
- 生薑
- 涼薯（jicama）
- 羽衣甘藍（kale）
- 海帶
- 大頭菜
- 昆布
- 韭蔥
- 萵苣
- 海菜

- 紫菜
- 秋葵
- 橄欖
- 蘿蔔
- 大黃（rhubarb）
- 蕪菁甘藍（rutabaga）
- 小蔥

- 菠菜
- 苗芽類（苜蓿芽、豆芽、青花菜芽等等）
- 南瓜
- 瑞士牛皮菜
- 蕪菁（turnip）
- 荸薺

水果（尤其是低果糖水果）

　　在核心4路線上，你可以吃任何水果，而在剔除8路線上，枸杞（茄果類）除外，任何水果都行。水果營養密度高，富含免疫平衡的抗氧化劑，但為求最佳效果，要優先考慮果糖含量較低的水果，因為果糖含量較高，可能影響肝臟、消化、胰島素和血糖值。一般而言，蔬菜要吃得比水果多。以下是最優的水果選擇：

- 酪梨
- 香蕉
- 黑莓
- 藍莓
- 哈密瓜
- 小柑橘
- 葡萄柚
- 蜜瓜
- 覆盆子
- 大黃

- 奇異果
- 檸檬
- 萊姆
- 柳橙
- 厚皮甜瓜
- 木瓜
- 百香果
- 鳳梨
- 草莓
- 橘柚（tangelo）

4. 有益健康的脂肪

目標每餐至少一至三大匙，無論是烹飪、用作調味汁還是直接食用！重點擺在每餐和點心都有一些有益健康的脂肪。脂肪在過去一直備受爭議，但科學界和營養界現在體認到，脂肪對健康是不可或缺的——壓根兒不是人們曾經認定的那樣，以為它是促成疾病的物質。採用推薦的脂肪（但不是98頁列出的炎症性脂肪）來烹飪、調味食物，加入冰沙，或是用湯匙舀了直接吃。如果你不習慣從真正的食物中食用有益健康的脂肪，那就慢慢開始，逐步增加至有益健康的分量。如果你多年來一直奉行低脂飲食，你的膽囊（如果有膽囊的話）、胰腺、肝臟八成不習慣太多脂肪，因此需要再次熱身。

脂肪迷思與真相

過去半個世紀以來，關於膳食脂肪的錯誤資訊和宣傳層出不窮。雖然陳舊的信念系統很難消失，但我們現在知道，有益健康的脂肪不會導致心臟病。且讓我們打破脂肪的迷思，一勞永逸地澄清真偽。

嬰兒時期，我們天生仰賴母乳形式的脂肪來促進腦部發育、生成能量。人類的腦需要大量能量才能正常運作，從生物學和演化的視角看，優質的脂肪最能保有永續的能量形式，促進最佳的腦健康（在我的蔬食生酮著作《生酮食譜》中更詳細地談到這點）。你的腦是由六〇％的脂肪構成（脂肪比高於你體內的任何其他器官），且體內多達二五％的膽固醇位於腦部。此外，我們需要膽固醇和有益健康的脂肪來製造有益健康的激素、維持神經生長和健康的免疫系統。也難怪降膽固醇的他汀類（statin）藥物的諸多副作用包括：記憶力減退、神經疼痛、激素問題、性慾低落、勃起功能障礙——這些正是靠膽固醇和有益健康的脂肪維持的功能。我們在剔除8路線裡使用的健康脂肪是最理想的全人健康所不可或缺的。

冷壓油，好好享受生食（千萬別把這些油品拿來烹煮）

- 特級初榨橄欖油
- 特級初榨酪梨油
- 特級初榨椰子油

適合烹煮的油品和脂肪

- 酪梨油
- 橄欖油（非特級初榨）
- 椰子油
- 草飼酥油（澄清奶油──這來自奶，但因為乳糖和酪蛋白不再存在，所以可以食用）
- 棕櫚起酥油（僅限有機）

5. 天然花草

　　花草和香料不僅增強食物的味道，還增添營養素，而且許多花草和香料是高度抗炎的。好好享用新鮮或乾燥的花草和香料，分量取決於你的口感。

- 羅勒
- 月桂葉
- 芫荽葉
- 蒔蘿
- 薰衣草
- 檸檬香蜂草
- 薄荷
- 牛至
- 香芹
- 迷迭香
- 鼠尾草

香料

- 多香果（allspice）
- 胭脂樹紅（annatto）
- 芷茴香（caraway）
- 小豆蔻（cardamom）
- 西芹籽
- 肉桂
- 丁香
- 芫荽籽
- 孜然
- 甜茴香
- 葫蘆巴（fenugreek）
- 蒜
- 生薑
- 辣根
- 杜松
- 杜松子
- 肉豆蔻皮（mace）
- 芥末
- 肉豆蔻
- 胡椒粒（這些不是茄科植物）
- 海鹽
- 八角
- 鹽膚木（sumac）
- 薑黃
- 香草豆莢（vanilla bean，有機，無添加劑）

飲料

- 水
- 茶（務必是有機茶）
- 椰子水（無糖）
- 康普茶（要留意在發酵之後才加入的糖，那是為了讓這款酸味飲料變得比較甜；其實，康普茶喝起來愈酸愈好）
- 碳酸水（不加甜味劑）
- 綠色果汁（鮮榨綠色蔬菜、檸檬、萊姆、生薑；要注意含糖量）
- 有機大骨湯

僅核心4路線族適用

如果你正在執行核心4路線，就不必剔除莢果、堅果、種子（以及這類油品和醬料）、蛋或茄果類。你可以在飲食中囊括這一切，因此不妨考慮將這些新增至上述的食物清單。不管怎樣，接下來四週是擺脫食物陳規的大好機會。要好好探索寬廣的美食世界，研究你平時不吃的美食，用全新的方式滋養你的身體。

如何浸泡堅果和種子？

核心4族群：要活化你的堅果啊！浸泡堅果和種子會讓堅果和種子變得比較容易消化，它們的美妙養分將更能為你的身體所用。

1. 將想要浸泡的堅果或種子置於碗中，加水滿過。
2. 加入一至二大匙你最愛的海鹽。
3. 蓋上碗蓋，讓它們在料理檯上或冰箱內浸泡大約七小時，或是一整夜。
4. 瀝乾堅果或種子，沖洗，去掉鹽。將堅果或種子攤在架上晾乾。
5. 在風乾機中風乾堅果或種子，直到略微酥脆為止。如果沒有風乾機，可置於烤箱中低溫烤，烤到略微酥脆為止。如果你選擇不烘乾，這樣的堅果或種子通常可以貯存在冰箱內幾天才發霉。

如果你不愛浸泡堅果和種子，也有品牌專賣浸泡過和發了芽的堅果和種子。

你的炎症習慣剔除清單

　　這份個人計畫的特點之一在於，你將會剔除某些造成發炎的生活習慣。食物是剔除飲食法的關鍵，但也有一些強力的非食物因子可能導致全身發炎和健康衰退。如果你有會傷害身體和腦子以及情緒和精神的生活習慣，那麼即使你在剔除旅程期間確實完美地吃下每一樣食物，你還是無意間暗中破壞著自己在健康上的努力。這些生活習慣造成的發炎程度，如果沒有勝過食物，也跟食物同一等級，因此，讓這些壞習慣離開你的生活吧！

　　我相信，突破下述八種壞習慣對感覺到更加美好至關重要。你現在可能沒有所有八種習慣，但多數人至少有幾項。如果正在執行剔除8路線，你將在八週中的每一週看見其中一個習慣突顯出來。如果正在執行核心4路線，你將在四週後停下來，但還是可以期待在接下來四週收到資訊，談到你想要下工夫剔除的其他炎症習慣。務必詳細研究你想要改變的習慣。

　　習慣與食物不同，你可以單純地決定不吃哪些食物，而習慣可是根深柢固的。我並不期待你掃除習慣就像捨棄食物一樣，永不回顧。這可能需要一些時間，但卻是你開始將壞習慣逐步撤出生活的機會，如此你才能活得更美好、更強健，帶著更大的快樂和目的以及改善後的健康。此外，我將這些囊括在內，幫助你增長覺知，明白不只是食物可以大幅影響你的健康。你可能按照計畫，吃著完美、消炎的食物，但如果你每天給自己一大堆壓力，就等於無意間暗中破壞著有益健康的意圖。壓力和有壓力的行為，以及與自己、他人、你的人生目的缺乏連結，全都可能導致健康不佳和炎症，因此，針對改變這些習慣下工夫，對你目前的這個歷程大有幫助。

> **不只是食物可以大幅影響你的健康。**

這些是我希望看見你釋放的炎症習慣。要識別出你知道對你來說是問題的壞習慣，並在接下來四週或八週的過關期間好好留心。我會每週特寫其中一個習慣，提出詳細忠告，談到為什麼它造成炎症以及該如何捨棄，用比較好的抗炎習慣代替。許多人會因為澈底執行而受益。以下是預覽我們即將鎖定為目標的生活習慣：

1. 久坐。

2. 老是盯著螢幕。

3. 接觸毒素（包括黴菌）。

4. 負面消極。

5. 猴子的妄心（思緒紛飛）。

6. 情緒性進食。

7. 社會孤立和／或社交媒體成癮。

8. 欠缺更高階的人生目的。

抗炎生活現在開始

且讓我們開始四週或八週的炎症剔除期。開始時，你可能會感覺到一些類似排毒的症狀，例如，頭痛或消化作用的改變，但這些症狀應該幾天後就消失，然後你應該會開始感覺到精力充沛、頭腦清醒、好到難以置信。

兩個路線都應該由此開始。先執行列在下述幾頁的預先規劃步驟，然後進到第一週。如果你正在執行核心4路線，要繼續執行完第四週，然後進到下一章。剔除8族群與這個過程一起奮鬥八週。

核心4用餐計畫實例

	早餐	藥膳
週一	椰子奶油南瓜粥	熱帶香料蔬果汁
週二	鷹嘴豆泥綠蔬早餐盅	抗炎薑黃奶（黃金奶）
週三	香料蘑菇與蔬菜雜燴佐荷包蛋	美美藍綠美人魚拿鐵
週四	番薯早餐煎鍋	藍莓爆漿汁
週五	堅果種子與椰子格蘭諾拉脆穀麥	威爾·柯爾醫師的腸道療癒冰沙
週六	墨西哥酪梨烘蛋	清爽型腎上腺平衡冰茶
週日	無穀物蓬鬆煎餅	提振T細胞冰沙

午餐	點心	晚餐
快煮豆仁佐花椰菜飯	巧克力椰子火麻能量球	香蒜雞胸肉佐番茄丁醬
煙燻鮭魚沙拉	脆烤鷹嘴豆	牛河粉
蒜味奶油南瓜麵佐波蘭香腸	櫛瓜鷹嘴豆泥黃瓜壽司捲	根菜咖哩
芒果鮪魚沙拉雞蛋泡泡芙	辣味堅果與蔓越莓	花椰菜核桃墨西哥夾餅
碎切羽衣甘藍沙拉佐泰式花生調味醬	花椰菜堅果麵餅	香煎鮭魚佐苦綠蔬與甜櫻桃
華道夫沙拉捲	酪梨醬餡小甜椒	薑蒜蝦佐大白菜
番薯培根生菜番茄三明治	水牛城雞沾醬	早餐吃全日吃墨西哥風番薯片

剔除8用餐計畫實例

	早餐	藥膳
週一	綜合蔬菜冰沙	綠蔬女王汁
週二	球芽甘藍培根蘋果鮭魚煎鍋	抗炎薑黃奶（黃金奶）
週三	番薯椰棗冰沙	美美藍綠美人魚拿鐵
週四	早餐牛排佐甜薯餅	提振甲狀腺冰沙
週五	蝦培根秋葵佐蒜香花椰菜粒	威爾・柯爾醫師的腸道療癒冰沙
週六	酥皮芳草花椰菜排佐蘑菇燴洋蔥	回春西芹汁
週日	香腸釀蘋果	提振T細胞冰沙

午餐	點心	晚餐
檸檬魚湯佐草本綠蔬	脆蔬捲佐手作田園沙拉醬	雞肉蔬菜撈麵
雞肉櫛瓜麵湯	一口蒔蘿煙燻鮭魚黃瓜（前一夜先預備，冷藏一夜）	鮮奶油椰子生薑南瓜湯
蝦餅佐奶油蒔蘿涼拌菜絲	義大利火腿片三吃	烤豬排佐橄欖葡萄
花椰菜青花菜塔布勒沙拉	快製泡菜（前一天製作，必須冷藏二十四小時）	蒜香奶油龍蒿香煎扇貝佐薄片蘆筍沙拉
牛排與胡蘿蔔麵盅佐阿根廷沾醬	無花果佐酸豆橄欖醬	涼薯魚墨西哥夾餅
蔬菜酪梨泥椰子捲餅	義大利肉丸小點心（烹調前一夜準備）	香煎比目魚佐涼拌大頭菜胡蘿蔔蘋果絲
鮭魚甜菜根切片甜茴香沙拉	油炸檸檬百里香歐防風條	香辣牛肉餅佐甜酸紫甘藍

用餐計畫實例

　　這些用餐計畫只是建議，可採用核心4路線食譜或剔除8路線食譜。你可以在第一週完全奉行你的用餐計畫，了解整個流程，也可以在接下來的四週或八週，週週做同樣的事。你可以奉行修改過的計畫，也可以完全忽略計畫，想吃什麼，就吃什麼，只要吃的東西符合你的食物清單，不含任何已被剔除的食物。這份用餐計畫的目的是激發靈感，藉此以實例說明該如何成功地進食。

　　你的用餐計畫包括建議的早餐、午餐、點心和晚餐，全都符合你的核心4或剔除8食物清單。

　　此外請牢記，核心4族群也可以採用剔除8食譜。而且你還會得到上午十點左右可以享用的某道特殊藥膳。我開發了各式各樣的果汁、冰沙、茶、補品，專門發揮抗炎的功效，但這些也含有藥物成分（例如生理調節藥草或超級食品），所以你可以用自己喜歡的方式互換，或是瀏覽256頁開始的食譜。某些藥膳還針對腎上腺、甲狀腺或皮膚之類的特定系統，但這些藥膳適合每一個人，無論你目前位於哪一個路線，或是哪一區發炎最嚴重。

週前準備步驟

　　每週開始前，先執行以下八件事：

1. 查閱122頁開始的用餐計畫和食譜，激發靈感。
2. 選擇本週想要製作的餐點。如果不確定想吃的某樣食物是否是被允許的，請查閱本章開頭的食物清單，從109頁開始。
3. 將當週的當選食物填入空白的用餐計畫表。
4. 去雜貨店購物，取得本週需要的一切材料。

5. 查出本週的特寫炎症習慣，決定這是否是你需要捨棄的。

6. 查閱你的工具箱（68頁開始），決定本週想要使用的工具。

7. 建立好正確的心態。告訴自己你準備好了，你辦得到！

8. 每逢新的一週來臨前，請重複這個準備步驟。

第一週（核心 4 和剔除 8 共同）━━━━━━━━━━

■ 開始前，執行你的週前準備步驟。

日子這樣過

■ 早晨醒來，靜靜地坐個幾分鐘，深呼吸，想想你的祈禱文（來自你的工具箱，從66頁開始）。為這一天做好準備。可以的話，這也是靜心冥想十或十五分鐘的好時光。立馬開始吧。

■ 享用你規劃好的早餐，如果準備展開當天的工作，請打包好午餐和點心，如此才不會因餓到而容易偏離你的計畫。

■ 從工具箱中選擇至少一項今天要用的工具。

■ 享用你規劃好的午餐、點心和晚餐，焦點放在新食品帶來的新穎和興奮，以及不久就會屬於你的健康活力。

■ 嘗試在當週的大部分日子裡動個三十鐘左右，無論是結構化的鍛鍊還是步行。你的目標是在鍛鍊時出汗，但如果你不習慣運動鍛鍊，那就從小處做起，逐漸提升至那個目標。

■ 執行某一個本週你要好好培養以取代炎症習慣的行為。

■ 就寢前，重複一下你的祈禱文，想想這一整天。如果覺得想要或需要，這也是靜心冥想十或十五分鐘的好時光。

第一週用餐計畫

	早餐	藥膳
週一		
週二		
週三		
週四		
週五		
週六		
週日		

午餐	點心	晚餐

本週信心喊話

　　本週你八成動機十足。多數人一開始都是動機十足的。你也可能有些緊張。你可以做到嗎？你會成功嗎？你當然辦得到，你當然會成功！這個剔除計畫可能與你之前嘗試過的飲食法截然不同。雖然減重可能一直是你過去的焦點，但這一次，減重（如果你需要）是這個計畫的額外津貼。這裡的焦點是要了解哪些食物對你有益，哪些食物造成你身體發炎，這是你到達目的地的方法。這個方法將會使你變得更健康、更強健、更有活力。

　　你正在重新啟動你的身體，好讓身體可以開始運作得更好，為你帶來更好的反饋，讓你了解身體對你吃下的食物和你的生活方式有何反應。本週是開始聆聽的契機。要注意本週的每一天你有何感受，包括進食後、運動後、從事戶外活動之後，或是與你摯愛的人相處之後。要讓你的身體對你說話，打開那扇門。這是一份美好友誼的開端。這裡有一個學習曲線，而且每一週都會感覺到更自在、更自然，所以如果一開始，這感覺起來很困難，千萬不要氣餒。就像你為自己所做的任何新事和好事，即使感覺陌生或有點不舒服，也要提醒自己，你目前做的事會使你的健康和人生變得更加美好，那是為了你，也為了依賴你、愛你的每一個人。

> 你正在重新啟動你的身體。

犒賞自己：森林浴

　　這一週，我希望你為自己做些特別的事：好好散步，走過繁茂的樹木區。不論哪一個季節，你都可以這麼做──當然，要穿適合的衣服。走在樹林（或森林）中已被證明是有裨益的。日本人稱之為shinrin-yoku，或「森林浴」，而且研究顯示，森林浴不僅可以減輕壓力感和焦慮感，提升能量感，還可以增加體內的天然殺手細胞，那是免疫系統精力充沛的標誌。有一種理論認為，來自樹木的精油導致如此的免疫力提升。這樣的犒賞使你放鬆，讓你更進一步觸及自己的自然節奏。如果你喜歡一個人散步，也可以安全地獨自散步，那就太讚了。不然帶著一隻狗，或是與朋友同行。如果選擇與他人同行，試著不要說太多話。把這當作是走路靜心。深呼吸，焦點放在周遭的美──色彩、形狀、空氣的感覺、樹木的紋理、野生動物。讓大自然在你身上施展它的魔力。

炎症壞習慣1：久坐

　　人類的身體按理不應該是整天坐著的，應該用來行走、跑步、舉重、攜帶乃至游泳。蹲下，甚至是坐在地上，都比坐在椅子上對你的身體有好處。顯然，你有時候必須坐著，但從現在開始，讓我們大幅減少那樣的時間。你一定會立馬感受到兩者的差異。

　　為何（目前）捨棄這習慣：你可能聽過：「坐著等於是新式吸菸法」。這麼說可能有點言過其實，但坐著無疑對你的健康有害。當你坐著時，你的肌肉放鬆，血液不能有效輸送。那意謂著，流過心臟的血液減少，血壓升高，脂肪和廢物的排除效率降低。久坐與胰島素阻抗有關；罹癌風險升高，包括結腸癌和乳癌；肌肉萎縮；循環問題；頸部和背部拉傷；甚至是早逝[2]。獎勵：站著比起坐著，前者多燃燒三〇％的卡路里，所以，如果少坐，八成可以減掉一些體重，即使別的都沒變。

　　如何捨棄久坐習慣：嘗試這些提示，逐步淘汰坐著，改換成更多的活動。

- 　**提醒自己**。當你長時間坐著時，無論是坐在書桌前、車子內或電視機前，都要在手錶、手機或電腦上設定提示，每小時起身走動五到十分鐘。不要以為這麼做完成的工作會比較少——這樣的刺激會幫助你工作得更有效率，如此效率應該足以彌補不坐著的時間且有餘。

- **站起來**。工作時，投資一張可用於站立工作的書桌（或是用你已有的東西製作一張），讓你有時候可以站著工作。有些公司會為員工支付這類辦公桌的費用。
- **多工**。如果在家看電視，找些可以讓你動一動的事情做，例如，摺疊洗好的衣服，做做仰臥起坐和抬腿或基本的瑜伽姿勢，不然就把凌亂的東西整理好。起碼在廣告時間起身走動，不要按快轉鍵跳過廣告。
- **旅遊途中要休息**。長途駕車時，試著每小時至少停車幾分鐘。在火車或飛機上，要起身到處走走，或是至少每小時站起來，伸展一下。

該要改做哪些事：可以站立時，絕不要坐著；可以走路時，絕不要站著。當天的活動愈多，坐著的時間就會愈少。當然，有時候必須坐著，但當坐著不是必要時，要挑戰自己站起來和／或四處走走。

該要納入的活動：一整天下來，你以自然方式移動得愈多，你的身心就運作得愈好。如果你喜歡上健身房，也許可以回復那個習慣，但如果健身房不適合你，那也沒關係。 每天散步可以造就極大的不同。

- 散步是你可以為自己的身體完成的最美好事情之一。你生來是要走路的。可以在街區或公園裡散步，或是遠足健行。如果天氣寒冷或潮濕，可以在室內走走，逛逛商場、雜貨店或博物館。跟朋友見面，一起走走，而不是喝咖啡或吃午餐（或是帶著咖啡同行）。你不必走很快。移動你的身體，在感覺做得到的程度上促進循環。如果散步造成衝擊，是個問題，不妨嘗試在游泳池裡走走。
- 寵物提供了一個很好的散步機會。遛狗，或者如果你愛貓成癡，遛貓也行。

- 騎自行車或是上飛輪課。

- 和孩子一起玩活動性遊戲——誰玩「扭扭樂」（Twister）？奪旗遊戲？鬼抓人呢？就是你吧？！

- 加入球隊或參加課程，包括網球、高爾夫球、巴西柔術、匹克球（這事很重要），或是另一項你一直想要學習的體育活動。

- 為某個慈善步行活動受訓，練習走五公里、鐵人三項運動或是任何其他競技活動。你不必是運動員——有這些類型的比賽活動，多數人的體能都應付得來。

第一週過後，感覺如何呢？好好注意你是否覺得不一樣，是否有排毒症狀，是否之前的任何症狀正逐漸消退。

_____

_____

_____

_____

_____

第二週（核心 4 和剔除 8 共同）━━━━━━━━

- 開始前，執行你的週前準備步驟。

日子這樣過

- 早晨醒來，安靜地坐個幾分鐘，深呼吸，想想來自你的工具箱的祈禱文。為你的一天做好準備。可以的話，這也是靜心冥想十或十五分鐘的好時光。養成一個習慣需要幾個星期，所以今天早上的儀式還不會是一種習慣，但應該開始感覺到比較自然了。

- 享用規劃好的早餐。打包好你的午餐和點心。一定要讓廚房裡存有你獲准享用的食物，同時保持視線內看不到要被剔除的食物。

- 從工具箱中挑選至少一項今天要用的工具。你愈是始終如一地使用這些工具，就愈能夠快速、有效地降低你的發炎和症狀。

- 享用你規劃好的午餐、點心和晚餐，好好享受你的食物！

- 嘗試在當週的大部分日子裡動個三十鐘左右，無論是結構化的鍛鍊還是步行。如果想要鍛鍊更長的時間，那也無妨。心臟活動和舉重都非常適合產生 BDNF（腦源性神經營養因子），有助於降低炎症，強化神經通路。

- 執行某一個你本週要好好培養以取代炎症習慣的行為。每天抵抗一下，就會比較容易避開那個炎症習慣。

- 就寢前，重複一下你的祈禱文，想想這一整天。如果覺得想要或需要，這也是靜心冥想十或十五分鐘的好時光。每夜加入這個儀式，你可能會發現自己的睡眠更優質。

本週信心喊話

這一週，你可能為自己通過了第一週而感到自豪，但也可能開始升起更多的渴望，或是容易偏離計畫。雖然才只是第二週，但感覺起來可能像是已經好久沒有碰你最喜愛的東西，無論那是乳酪或巧克力，還是盯著螢幕看。這是一種暫時的障礙，會過去的。要記住，如果你偏離了計畫，就必須重新開始。沒有道理浪費你已經完成的第一週啊！下一週，所有這一切一定會看起來更容易、更自然，所以要堅強。

為了幫助你度過這一週，要嘗試執行某件靈性的事。有些研究已經證實了這個觀點，認為：定期從事屬靈活動的人往往活得更久。原因可能是介白素6（IL-6）。介白素6的水平升高與疾病增加相關聯，一項研究顯示，上教堂做禮拜的人，介白素6升高的可能性是減半的[3]。這可能是因為人們從靈修社群得到了社會的支持，但可能還有其他因素。另一項研究顯示，擁有精神幸福感的人，即使患有慢性疼痛，也享有更好的生活品質——許多靈修人士利用祈禱管理疼痛[4]。其他研究則細查了靈性活動對疾病康復的好處。已有實例證明，凡是為你的生命帶來更大意義的東西，都對你的身體和情緒健康產生正面的影響，因此，你在靈性上做出的努力，將會幫助你減少對日常折磨的關注，更加聚焦在自己的更高階人生目的，無論那對你來說意謂著什麼。

如果有信仰，那就額外做些與你的信仰一致的事。那可能意謂著，每天早上和／或晚上花些時間祈禱（以祈禱代替靜心是可行的——兩者都是抗炎的實作法），或是操練另一種儀式，讓你感覺連結至比自己更大的某樣東西——甚至是溫和的瑜伽。如果你不信教，還是可以受益。要將一種新的儀式帶進你的生活中，使你感覺連結到自己的更高階人生目的、更高階的力量感，或是對生命的基本敬意。以下是一些構想：

■ **建立精神上的寄託**。拜訪不同的宗教機構，看看對方宣揚些什麼。也許某樣東西會觸動你的心弦。你可能有興趣每週六或週日參加禮拜，或是了解某個靜心中心。走進大自然也可以是威力強大的靈性體驗。你不必是某個特定宗教的成員，就可以擁有屬靈的體驗。

第二週用餐計畫

	早餐	藥膳
週一		
週二		
週三		
週四		
週五		
週六		
週日		

午餐	點心	晚餐

- 散發禪味。如果你不曾每天早上和／或晚上靜心冥想，那麼本週不妨嘗試一下，看看感覺如何。或是利用那段時間祈禱。你可以嘗試觸及，不必擁有任何特定的信念，也不需要覺得你知道或理解某個高階力量的本質。

- 釀造屬於你的藥膳。如果你正在尋找某樣不那麼明顯屬靈的東西，那就創造一個上午儀式，運用靜默的正念，好好準備你的用餐計畫中可選用的上午藥膳或治療飲料。慢慢喝，關注與這個經驗相關的一切。假使需要在臥室門上掛一塊「請勿打擾」標牌，在臥室裡好好啜飲，就採取行動吧（見256頁的藥膳食譜）。

- 讓精油擴散。花五分鐘坐在精油擴散器附近，或嗅一嗅某種讓你覺得接地和歸於中心的精油。柑橘混合油和佛手柑可以降低壓力水平，但你可能另有所愛。快樂鼠尾草適合療癒激素造成的情緒波動。乳香、雪松、玫瑰是適合靜心或靈性默觀的好油。

- 打造祭壇。找一個小小的區域，例如一個架子、一張小書桌或桌子，或是房間的某個角落。用圍巾、披巾或其他令你感覺特別的布料鋪在該區，然後用對你有意義的物品裝飾──紀念品、照片、水晶、蠟燭、鮮花，或是其他使你感覺與生命中美好事物連結，或為你帶來平靜感和幸福的物品。每天花幾分鐘靜默地坐在你的祭壇前，默觀祭壇上的物品，思量它們在你的生命中代表什麼。

- 嘗試接地。每天花五分鐘停下正在做的事，脫掉鞋子，走在草地、沙地或泥土裡。這叫做「接地」（earthing），而且已被證明可以平靜心靈和身體，可能是因為身體直接接觸地球表面的電子[5]。科學家曾經研究過這點！撇開電子，如此與地球直接接觸可能感覺像是一種靈性體驗，幫助每一個人憶起我們是從哪裡來的。

- 做義工。對某些人來說，最為屬靈的事（提供最大的高階目的感）就是幫助他人。研究顯示，做義工可以讓你活得更久、身體更健康、提高生活滿意度[6]。你做的事可以簡單到像是在收容所撫摸貓咪，或是為小學生朗讀，也可以複雜到像是為新的職業生涯奠定基礎。也不見得一定要是正式義工，這可能意謂著探望某位年長的鄰居或親戚，帶些食物給遭逢困境的家庭，或是捐贈食物給當地的食品分發中心。

犒賞自己：好好按摩一下

按摩感覺像是奢侈品，但它們是必不可少的，尤其如果你有關節、肌肉、結締組織的問題，或是正在努力排毒的話。按摩可以放鬆緊繃的肌肉、鎮靜頭腦、增加血液循環、幫忙促進遲鈍的淋巴系統活動起來，更有效力地移除廢物。當炎症水平降低時，你的身體會開始更迅速地排毒，而按摩促進這個過程。如果你有慣用的按摩治療師，務必在本週安排時間去按摩。如果沒有，可尋找所在地的優惠方案，例如免費按摩或是降價促銷，要你體驗新的治療師或水療法，或是培訓中的按摩治療師提供不那麼貴的按摩。不然就是要某位親人替你按摩。除非你喜歡針對深層組織做工，否則按摩不必用力揉壓或按到疼痛。即使是沿著背部、雙臂、雙腿輕輕撫摸，也可以促進血液循環，加速整個流程。如果你可以說服某人本週每天（或是永遠？）為你按摩，那就更讚了。

炎症壞習慣2：老是盯著螢幕看

對於花許多時間看手機、平板電腦或電腦的人來說，這點是個大難題；這些人看許多的電視；不然就是狂熱的遊戲玩家。外頭的世界並沒有讓這事變得比較容易，因為幾乎每家餐館都有電視機，許多其他公共場所也有，從健身房到醫生的診所，再到雜貨店。根據最近的估計，美國成年人平均每天花費十小時以上盯著螢幕看[7]！如此癮頭正在傷害我們、降低我們的專注力甚至可能造成孩子的腦子重新布線。從今天開始，監控和調節你和孩子盯著螢幕的時間吧。

　　為何（目前）捨棄這習慣：不幸的是，螢幕成癮是真實存在的——不僅瀰漫滲透而且有可能損害腦子。好幾項研究均以實例證明，沉迷於網際網路或電玩遊戲的人，腦子實際上在萎縮，尤其是腦區的脈衝控制、對失落的敏感度，以及對他人升起同理心的能力[8]。螢幕成癮也可能會危害控制腦－身體通訊的區域，產生與吸毒成癮者類似的腦部變化[9]。看太多電視與久坐連結到同樣的健康課題——增加糖尿病、心臟病、早逝的風險。[10] 此外還有叫做「電腦視覺症候群」（computer vision syndrome）的東西，可能導致眼睛刺痛和眼睛過勞[11]、兒童視力受損[12]，甚至是骨科問題，實際的病名如「簡訊頸」（text neck）和「手機肘」（cellphone elbow）[13]。是的，我們有個大問題。

　　這是有道理的——想一想，與眼睛盯著螢幕相較，當你與世界直接互動時，你用腦和身體的方式有多大的差異。盯著螢幕看，要麼是被動，要麼是互動，但沒有面對面交流的壓力和必要性，甚至沒有閱讀實質書本所需要的腦力。此外，螢幕往往提供成串資訊，不需要持續全神貫注。螢幕有光、有聲音、有閃爍的色彩——與無聊的舊式書頁上的文字或他人的對話相較，很容易引起關注。我們瀏覽粗略的資訊，沒花太多時間聚焦在任何一個主題上；有些研究顯示，我們可能正在重新布線自己的腦子，令全神貫注、關照、聚焦變得更加困難[14]。我們最終可能會失去這些能力——乃至降低我們深入和聰明思考的能力。很驚訝吧。答案是什麼呢？離開螢幕吧。

　　如何捨棄這習慣：你已經在想方設法找藉口了嗎？例如，你一定得在電腦上工作，或是要在手機上與孩子保持聯繫，因為孩子只回應簡訊？或是，你實在不能錯過最愛的節目啊？你不會百分之百遠離螢幕的，所以還不是典當電視或辭職的時候。我可以保證，如果你開始調整和限制久盯螢幕的時間，不捨棄必要且為你提供真正娛樂的活動，你一定會覺得比較美好。今天，看看你是否能夠稍稍縮減盯著螢幕的時間：

- 工作做完後，要抗拒上網的衝動。關掉螢幕，做些別的事。
- 注意自己查看電子郵件的頻率。可否減少花在這上面的時間？或是一天查看幾次，一次回好幾封，以此代替立即回覆每一則簡訊或電郵提示？
- 挑戰自己和家人，今晚要找些不同的事做，不看電視或玩電玩遊戲，找些壓根不涉及螢幕的事。可以去一家（無螢幕）餐廳嗎？玩個遊戲？一起散步或騎單車？邀請別人過來？你們可以把手機都留在家裡嗎？我知道，這個構想很激進，但我親身體驗到那是可能的！我一直非常努力地將無螢幕時光納入我的生活中，如此，我才能更全然地專注於我的家庭。

今天，這可能很困難，但當你不斷努力逐步削減掉眼睛盯著螢幕的時間，你一定會感覺到前後的差異。我的患者報告說，當他們戒掉螢幕且開始更直接、更頻繁地在注視人世間和自身周遭的實際人群時，有一份深邃的幸福感升起。

該要改做哪些事：你可能有點生疏，但今天是個契機，可以擴大你與世界直接互動的技能。留意你生活中的人們、事物、地方，而不是盯著你的電子儀器。

該要納入的活動：完全沒有不是以螢幕為主的構想嗎？不妨嘗試下述這些：

- 花時間徜徉於大自然。對眼睛、腦子、身體而言，最具療效的莫過於徜徉在大自然之中。今天，在公園散步，去遠足健行，或是去某個自然區一日遊。如果無法把手機留在家裡，至少藏在汽車的置物箱裡，或是放在你的手提包或口袋裡，而且要抗拒不斷拿出來看看的衝動。
- 與面前的人互動。直接與自己的子女交談。與朋友見面喝咖啡，把手機收起來。走到辦公室裡的同事面前，告訴對方你需要告訴他們的話，不勞煩原本預設的簡訊或電子郵件。直接看進對方眼睛，面帶微笑，注意對方的反應。可能感覺起來很詭異，但這類事情做得愈多，就會愈自然（想像一下……大家以前一直都是這麼做的）。

■ **上劇院或參加現場活動或音樂會**。觀賞戲劇或音樂會，相對於看電影或音樂視頻，感覺完全不一樣。起初，你可能甚至覺得很費勁，但那對你的腦子有好處。今晚有什麼現場表演可看呢？如果在戶外，而你沒有拿手機攝影，或將任何相關報導貼在社群媒體上，那就加分獎勵。

■ **散步**，在自家附近，甚至是在某地方的室內散步，聆聽你所有的感官。你看見、聽見、聞到、感覺到什麼呢？請注意你是否興起想上社群媒體查詢或發布內容的衝動，同時設法熬過那股衝動。

■ **吃完整頓飯，完全不看螢幕**——沒有電視、沒有手機。改而關注你的食物和同伴。當你注意到你的食物時，就會吃得比較少，同時選出更適合的食物。

第二週過後，感覺如何呢？描述一下你進步到什麼程度。開始感覺到比較美好嗎？仍舊有些排毒症狀嗎？有什麼已經改變了？

第三週（核心 4 和剔除 8 共同）━━━━━━━━

- 開始前，執行你的週前準備步驟。

日子這樣過

- 你是否有習慣晨間靜心呢？即使靜默地坐著呼吸五分鐘，也是強而有力的。別忘了今天要重複你的祈禱文。

- 享用規劃好的早餐，打包好午餐和點心。如果你喜歡每天吃同樣的東西，那也完全沒問題，只要食物符合規定。

- 本週嘗試納入至少兩項來自你的工具箱的工具，或是至少比上週多一項工具。有些人發現，週末餘暇時間較多時，比較容易做到這些，但務必完成日程表中要做的事。你愈常使用這些工具，你的炎症就會愈有回應。

- 享用你規劃好的午餐、點心和晚餐。你習慣了新食物嗎？聚焦在新的食物，而不是你可能「失去」的東西（要記住，那些是使你感覺不那麼棒的東西）。

- 看看本週的七天之中，你是否有六天可以運動出汗三十分鐘。這是威力強大的方法，可以降低炎症、提升心情、保持高度的動機。這對你的肌肉、關節、消化、排毒、血糖水平、免疫系統也有好處。

- 執行某一個你本週要好好培養以取代炎症習慣的行為。如果這個行為始終是同一個，或是如果你每天履行一個不同的行為，都行。

- 就寢前，重複一下你的祈禱文，想想這一整天。每天晚上利用你的祈禱文靜心冥想十或十五分鐘，以放鬆的步調在腦海中靜默地重複。如果分心了，就把焦點帶回到祈禱文上，無須評斷。

第三週用餐計畫

	早餐	藥膳
週一		
週二		
週三		
週四		
週五		
週六		
週日		

午餐	點心	晚餐

本週信心喊話

來談談體重吧。如果你有體重要減輕，現在可能已經減掉了一些。如果你經常量體重，我要你本週停止那麼做。你現在的焦點是降低炎症、健康起來。減重是這個過程自然而然的副產品，但每天乃至每週量體重，可能使你太過專注於那個目標，犧牲掉健康和幸福的更大視野。我發現，一旦患者發現體重減少，就會開始以不易察覺的方式改變計畫，試圖減掉更多的體重。他們縮減食物，過度運動到瀕臨壓力點，於是炎症又開始加重。減重不是現在的目標。目標是降低炎症，讓你可以斷定你不耐受什麼食物、對什麼食物敏感。那是第一要務，改變計畫會危害這個目標。

讓自己擺脫關注體重造成的負擔，聚焦在你的感受——你吃的食物如何，做的事如何，乃至你的思維方式如何影響你——身體上、情緒上、精神上。放下你「應該」衡量某個特定數字的想法，讓你的精神翱翔。提升你的振動。讓這事關乎你的整個存在。當你忍不住想要踏上磅秤時，好好呼吸一下，信任自己。如果有必要，可以在你的四週或八週抗炎症生活結束時秤一下自己的體重，但現在，請把磅秤擱在一旁。

犒賞自己：雙腿靠牆倒箭式

本週我希望你嘗試一個我所知道最簡單且最有助於恢復健康的瑜伽體位：「雙腿靠牆倒箭式」（Legs-up-the-Wall Pose，技術上，這叫做「Viparita Karani」，意思是「逆轉動作」）。從喻義上來說，我喜歡這個姿勢，因為針對這次的剔除旅程，我們做的許多工作都是在逆轉導致炎症和健康課題的行為。身體上，這個姿勢是一種倒置，幾乎誰都做得到。這是令人難以置信的放鬆，為經常那麼做的人帶來若干深邃的舒壓和促進循環的好處。以下是執行的方法：

1. 如果有瑜伽墊（或毯子）和三個枕頭，找出來。可選用的項目包括：舒壓眼枕或睡眠眼罩、瑜伽帶或圍巾，以防止雙腿滑開，還有計時器（例如手機上的計時器）。

2. 將瑜伽墊或毯子的短端靠在牆上，使其與牆壁垂直。將一個枕頭置於你的頭部附近，兩個枕頭靠牆。

3. 讓自己位於靠牆的地板上，牆壁就在旁邊。你向上伸長雙腿靠牆，同時緩緩躺下，躺在墊子或毯子上，盡可能把臀部挪到牆邊。舒適地擺好下方支撐用的枕頭。有些人喜歡將一個枕頭放在臀部下方，或是一個放在雙肩或雙肘下方。你應該躺成 L 形，軀幹在地上，雙腿直直向上，靠著牆。雙腳可以併攏，也可以分開大約一公尺半。如果無法阻止雙腿分開，就拿瑜伽帶或圍巾環繞大腿，將雙腿綁在一起。你應該能夠完全放鬆雙腿。如果兩個膝蓋無法靠牆，也可以在後方靠牆處塞一個枕頭。

4. 戴上舒壓眼枕或睡眠眼罩——如果那麼做讓你比較容易閉上眼睛。

5. 設定計時器，十分鐘或十五分鐘，或者，如果不是時間緊迫，就別擔心時間。閉上眼睛，雙臂張開向外，朝兩側伸展，手掌朝上，全神貫注在放鬆身體的各個部位。緩慢而深入地呼吸。

6. 完成時，慢慢屈膝，滾向一側，然後離開牆壁。注意你有何感受。

7. 本週每天重複，每當你需要恢復能量和專注力時，就那麼做。

炎症壞習慣 3：接觸毒素

我們活在一個化學世界裡，不幸的是，每一個人體內都有異生物質（對人體來說陌生的物質）——連新生兒臍帶血中也可能含有工業化學品和污染物 [15]！但好消息是，有許多方法可以讓我們在生活中擺脫化學品。我們不可能完全剔除化學品，但有些方法可以減少接觸，降低身體排泄系統的負擔。

　　為何（目前）捨棄這習慣：「捨棄」化學污染物和生物毒素似乎不是什麼犧牲，你當然不希望那些毒物存在體內。人們愛做的許多事——例如洗頭髮、化妝、打掃房屋、防止草坪有蟲害、用不沾鍋炊具烹飪、喝塑料瓶中的飲料——都可能涉及至少某種程度的毒素接觸。那些污染物中，許多物質會強力干擾內分泌，改變你的天然激素系統。許多污染物是致癌物質或神經毒素或兩者兼而有之。

　　如何捨棄這習慣：讓你的身體休息一下，選擇天然植物產品和無毒清潔劑。排毒是指改變你使用的部分產品和你所做的事，而且那需要的不只是一次購物行，還需要改變態度。好好想一想，你在生活中做了哪些事造成你自己負擔的毒素增加；然後仔細思量該如何改變。你一定要使用不沾鍋炊具嗎？你是否嘗試過用鑄鐵鍋或不銹鋼鍋以及優質的酪梨油或椰子油烹飪？你個人的護理產品和化妝品如何呢？想想你對特定品牌的忠誠度，以及你到底有多大的意願改用比較自然的東西。

　　室內空氣的品質如何呢？你需要用空氣清香劑掩蓋一切嗎？你是否需要使用很剽悍的化學製品消毒每一個表面？那些藥房買的成藥又怎麼辦呢？你需要布洛芬（ibuprofen）*嗎？你必須服用過敏藥或酸抑制劑嗎（反正，在身體自行清除和炎症下降的過程中，許多這類東西都可能會變得沒有必要）？

　　此外，也考慮一下方便性與健康。如果有些事你不願意改變（破壞協議），那就不要改變。也許你不會捨棄你最愛的護手霜或煎鍋。沒關係，但想到這點時，何不捨棄你並不真正那麼在意的物品？例如，那套塗層已經磨損的廉價炊具組，或是當你在廚房流理檯上工作時，會使你神經緊張的化學品，或是那條就是無法持久的花俏唇膏？你可能會發現，你並沒有想像中那樣依戀某些有毒的習慣。豐富的天然替代品正等著你呢。

---

* 譯註：非類固醇消炎藥，用來止痛、退燒、消炎。

　　該要改做哪些事：流行的需求帶來了許多可購買的天然產品，以及大量現成的資訊，讓你知道如何在家用基本材料製作天然產品。這裡有幾個構想，為你今天所在的環境排毒。該要納入的產品：以下是一些可以嘗試的優質天然產品。

- 椰子油是個人保健的最佳物質之一。如果你有九十九個問題，椰子油可以解決大約七十二個問題。用它來洗臉、刷牙、滋潤皮膚、護髮（但要沖洗乾淨，除非你想看起來油膩膩的）。

- 天然美容產品和化妝品到處都有。要尋找無麩質且含全天然植物成分的產品。

- 用家中廚房裡八成已經有的簡單材料清潔你家，例如醋水噴劑、用小蘇打擦洗、用酒精和水擦亮玻璃和鏡子、橄欖油或椰子油用於清潔木材。或是購買天然的清潔產品，這些現在到處都有，而且由於需求的人愈來愈多，價格也愈來愈便宜。

- 室內盆栽植物。如果你有辦法保持這些盆栽健康、無蟲害，那就在家中擺些盆栽，讓它們自然而然地潔淨空氣。在臥室裡擺一台空氣清淨器也是個好主意，尤其如果你有寵物的話。睡覺占去人生許多時間，所以如果臥室的空氣更清潔些，你也會比較乾淨。

- 不要使用化學製的空氣清香劑。若要保持你家的味道清甜，精油擴散器是較無害的方法。

- 開窗（除非你對花粉過敏，且當時正是花粉季），只要天氣允許，讓室內空氣清新、流通。

- 用天然材料裝潢。更換家具或裝潢自家時，請找來硬木、竹子、石頭、羊毛、有機棉之類的材料。加工過的材料容易將化學製品的廢氣排放到你家的空氣中。

- 在吸塵器和真空爐中使用高效濾網（HEPA filter）。考慮對住家做黴菌檢測，因為黴菌可能減緩你的康復進程。

■ **在室外使用天然產品。**許多草坪護理、花園、害蟲防治公司現在都使用環保和無毒產品，不用有毒的化學製品。

■ **試試薑黃。**藥物會在你的肝臟中消耗許多時間，因為你的身體要試圖處理和排除它們的有毒元素。如果你有頭痛或經痛，請試著略過布洛芬或乙醯胺酚（acetaminophen），改用香料薑黃作為有效的天然抗炎藥物[16]。你可以購買薑黃膠囊，或是在香料攤找到薑黃，用它來料理。

■ **啜飲生蘋果醋。**這聽起來違反直覺，但如果你有心口灼熱或胃食道逆流，不要自動拿出制酸劑或質子幫浦抑制劑，試試一湯匙酸酸的蘋果醋。說真的——效果好得出奇。

第三週過後，感覺如何呢？如果之前沒有注意到太大的差異，我敢說本週你一定會注意到一些變化。排毒現在可能結束了，你八成感覺到至少某些症狀緩解，同時見到減掉了一些體重。不過要記住，每一個人都是以自己的步調回應。而你的狀況如何呢？

_____

_____

_____

_____

_____

第四週（核心 4 和剔除 8 共同）━━━━━━━━━━━

- 開始前，執行你的週前準備步驟。

日子這樣過

- 本週，看看你是否可以將晨間靜心、禱告或靜默的時間增長5分鐘。這種做法背後真正的力量是定期做這事——每天，日復一日。有些人靜心冥想一個小時，一天兩次，但多數人沒有那樣的時間——但挪個原本花在谷歌上沒頭沒腦搜尋東西或看電視的十五分鐘總行吧？要嘗試一下。今天不要忘記重複你的祈禱文。它可以是你靜心冥想的一部分，但未必一定是。此外，要全天候想著你的祈禱文喔。

- 享用你規劃好的早餐，打包好午餐和點心。要堅持到底——你正在做出真正的進步。

- 本週，再次繼續使用來自你的工具箱的至少兩項工具。你可能有你的最愛，那很讚，但來看看你是否也可以加入新的東西。

- 享用你規劃好的午餐、點心和晚餐。你是否在每週喜歡的食譜中找到了一些最愛呢？你根據這份食物清單創造了一些新菜嗎？本週嘗試用一個新食譜激發創意，或者，如果還沒有想法，就完全奉行這份用餐計畫。這類目標可以幫助你持續關注你的膳食。

- 本週繼續鍛鍊。鍛鍊就跟靜心冥想一樣，經常做，效果最為強大。一週六天、每天三十分鐘是很理想的。這是強大、必不可少的自我保健，幫助你繼續前進，所以不要動不動就認為你沒有時間鍛鍊。那就像刷牙一樣。當你覺得一定得刷牙，此舉已理所當然無關選擇，那就是你知道自己已經成功的時候。

第四週用餐計畫

	早餐	藥膳
週一		
週二		
週三		
週四		
週五		
週六		
週日		

午餐	點心	晚餐

- 你是否很想超越你的炎症習慣？恭喜啊！但對許多人來說，這些還是很難。繼續針對你本週選定的那一個習慣下功夫。要記住，即使某樣東西此刻感覺美好，但如果它長期傷害你，付出那樣的代價也是不值得的。

- 就寢前，重複一下你的祈禱文，想想這一整天。除非你願意，否則不需要運用你的祈禱文靜心冥想，但要記住你的祈禱文，深思它如何影響著你的潛意識，使你忠於自己的目標。睡前靜心也是一款強大的睡眠誘導劑。

本週信心喊話

嘿，核心4族群，現在是最後衝刺囉！這是你的最後一週，你已經撼動它了！但還不要放棄。你想要好好利用整整四週真正一腳踹開炎症。

如果你在剔除8路線上，本週結束時，你將會來到中途——時間飛逝啊！繼續堅強地往前走——你的表現很讚啊！

無論你正在執行核心4或剔除8，本週都大有可能，你感覺自己超讚，體驗到明顯的症狀緩解，因為你的炎症可能已經大大平息下來。然而，如果你一直在執行核心4路線，而且沒有體驗到症狀緩解或感覺更加美好，那麼你可能需要更強力的介入。請考慮切換到剔除8路線，繼續前進。現在，你可能覺得更有能耐做更多的事，堅持更久一點，那就加入剔除8家族，邁入最後四週。要使你的健康真正截然不同，可能就是需要八週時間。此外，若要測試你已經捨棄的食物，最佳方法就是確保你的炎症大幅下降，因此，再多堅持一段時間必會為你帶來更清楚的畫面，明白你的身體最愛什麼。

本週，要特別注意身體的任何變化。肚子比較平坦嗎？雙腿看起來更瘦嗎？雙臂贅肉晃動得不那麼厲害嗎？肌肉量逐漸增加嗎？指甲比較堅硬嗎？頭髮如何呢？有些人在這時候注意到頭髮新長出來。還要注意你的能量水平。你還在努力排毒嗎？需要多休息嗎？還是逐漸感覺到比較強壯、比較有活力呢？這些都是來自身體的訊息。繼續聆聽。假使你壓根沒有感覺到任何變化，那就參閱後面的「剔除8路線中途檢測點」，然後遵照該頁的指南執行接下來的動作。

犒賞自己：補充睡眠

來談談睡眠吧。睡眠不是奢侈。它是強制要求你達到全人健康。睡眠對健康至關重要。睡覺時，你療癒身體和心智並使兩者回春，然而許多人往往將睡眠的優先順序排在後面。本週我要你改變這點。本週的每一天，你平均要睡足八小時（對多數人來說，這是每天的規矩），我要你執行下述任何一件事，取決於哪一項比較符合你的時程安排（你可以每天選一件事做，哪一件都行）：

■ 一天中間，厚臉皮地小睡三十分鐘。關掉手機，必要的話，在門上掛一塊「請勿打擾」標牌，舒適愜意，好好小睡一下。不要睡超過三十分鐘，這樣才不會無力到無法繼續做事。此外，你也不希望夜裡難以入眠吧。

■ 比平時提前一小時就寢，即使廚房不乾淨，即使你的節目還在播出。不要利用那額外的一小時看手機或電視。將燈光調暗，可能看書、聽音樂或是靜心冥想，不超過十五分鐘，然後舒服地蜷縮起來，直接進入夢鄉。這可能對你來說很容易。如果你的身體真正需要更多的睡眠，你可能在幾分鐘後便昏昏沉沉了。對其他人來說，睡眠感覺上難以捉摸。小睡時間到或提早上床時，你可能覺得超清醒，因為不習慣在那個時間睡覺。要堅持。你的身體一定會調整，因為它渴望睡眠。你必須要身體注意到這個事實：睡眠就是你現在正在做的事。它和其他任何事一樣，是一種習慣（或者，說得更精確，抗拒睡眠是一種習慣）。深呼吸和數算氣息會有幫助。禁用電子產品！你一直在做的靜心或祈禱也已經幫助你訓練自己的頭腦保持冷靜。如果還是有麻煩，可以執行下述幾件事，幫助自己度過這段時間：

- 聖羅勒（tulsi）是一種「適應原」（adaptogenic）*草本，非常適合鎮靜心智。
- 甘氨酸鎂（magnesium glycinate）也有助於誘導平靜和睡眠。根據包裝說明在睡前服用。

享受甜蜜的美夢吧！

炎症壞習慣4：負面消極

你知道你每天約有六萬個念頭嗎？更令人驚訝的是：史丹福大學的一項研究發現，驚人的是，那些念頭有九〇％是重複的[17]。想一想：你的念頭中，十個有九個是你一而再、再而三想過的。對許多人來說，這些念頭不僅重複，而且大部分是負面的。負面的念頭包括你憂心的事、批評你的外貌或能力的批判性思維、對未來的恐懼、對過去的遺憾等等。負面的念頭引發壓力，那正在損害你的整體健康。我見識到人們完美地完成了他們的剔除作業，但他們的改善卻被不斷的負面思維模式阻礙了。

可能有也可能沒有「樂觀基因」[18]，但無論你擁有樂觀基因，還是覺得好像多年前毀了自己的樂觀基因，訓練自己擺脫負面消極的習慣其實是有可能的。我並不是建議你變成戴著玫瑰色眼鏡的那種人，盲目地將每一樣人事物標記為「超讚」。我向來實事求是，但這與無情的負面消極是不同的，我們明確地知道，負面消極對你的健康產生不太好的影響[19]。負面消極造成發炎。當然，要改變你關連世界的習慣方式並不容易，但

負面消極造成發炎

---

* 譯註：指的是能讓身體取得平衡與修復、減輕心理與生理壓力的食品或草藥。

負面消極是一種習慣，跟其他任何東西一樣，所以今天，嘗試捨棄負面消極吧。

為何（目前）捨棄負面消極：負面消極是壓力重重的。焦慮、恐懼、擔憂、後悔、悲觀、憤怒、仇恨是幾個最常見的情緒，可以阻礙你達成你的健康目標。負面的念頭和情緒會導致釋出皮質醇之類的壓力激素，那對你的免疫系統產生重大的負面效應[20]。研究一致顯示，對人生事件的回應比較正向的人們，壽命較長，較少生病，復原得比較快，比較不可能抑鬱消沉。這些人擁有更健康的心臟和更優的應對技巧[21]。誰不想要一些那樣的好藥呢？

如何捨棄這習慣：正念覺知會幫你注意到你負面消極的習慣。要慢慢地，有意識地，理性地前進。成為自己念頭的觀察者，彷彿你注視著別人的念頭像卷軸一樣展開。你什麼時候容易負面消極呢？什麼時候比較容易正向積極呢？看看你是否能夠分辨模式、分析觸發你負面消極的因子？要嘗試精確地標出，有什麼來自過往的東西你可能緊抓不放，那東西正使你遠離自己的目標。寬恕自己和他人可以是一種革命性的療癒行為。在幫助患者克服健康障礙的工作中，我認為這方面的情緒療癒是生死攸關的。負面消極和正向積極是習慣，所以今天，你要剔除其中一個，邀請另外一個進入你的生命。以下有幾則提示。

該要改做哪些事：「不」是一種習慣。「是」是一種習慣。要努力掌握住你自己，然後將你要說的話轉成比較正向積極。把這看作是個人的挑戰，挑戰你的創造力。

該要納入的活動：嘗試一下這些半杯水策略。

- **關注**。開始注意你的念頭。當念頭負面消極時，質問念頭。捫心自問：那是千真萬確的嗎？
- **練習正向積極**。就像任何其他技能一樣，變得比較正向積極需要練習。有目的地形成正向積極的念頭，尤其是在回應負向消極的念頭時。即使你不

完全相信，還是要對自己說出那些正向積極的話。就像大家說的，假久成
真（Fake it till you make it）。

■ **留意你的觸發因子。**假使你只在特定情境或面對特定人等時，才會負面消
極，請好好思考原因。你能改變那類情境嗎？那份關係、環境或情境可以
修復嗎？或者，你需要繼續向前邁進嗎？

■ **笑口常開。**幽默可以是拆除負面消極的好方法。找機會笑口常開──風趣
的朋友、可笑的電影，或是願意偶爾被人生的荒謬所娛樂的心情。

■ **與正向積極的人相處。**當你所有的朋友都負面消極時，很容易就負面消
極。當你的朋友往往看見光明面時，你比較有可能加入正向積極的行為。

■ **耐心對待自己。**負面消極是很難突破的習慣，但要堅持不懈。你今天可能
征服不了你的負面習慣，但可以選擇讓今天成為你下半輩子擁有比較正向
看法的第一天。

第四週過後，感覺如何？

_____

_____

_____

_____

_____

如果你在核心4路線上，那麼你已經達成了里程碑。請繼續邁進至第7
章，同時恭喜自己，表現得很好啊。

剔除 8 路線中途檢測點

對於在剔除8路線的族群來說，讚啦，你已經來到中途了。雖然可能有充滿挑戰的時刻，但我敢說，你現在感覺起來大大不同了——輕盈些，有更多的能量，症狀減輕。然而，我有幾個患者儘管一直嚴格奉行這套計畫，但這時候卻還是沒有體驗到症狀緩解。你不確定自己的狀況嗎？時候到了，該要拿出屬於你的那份八大最惱人症狀清單。那些症狀有幾個還在啊？它們還在阻礙你的人生嗎？假使情況如此，那麼你可能需要更強力介入。此時此刻，你有兩個選擇：

1. **堅持到底**。有些人的發炎症狀較多，或是患者的系統通常反應較慢，可能需要較長的時間才能對剔除8計畫做出回應，而且耐心鐵定是需要的。即使你可能沒有感覺到，但如果一直奉行計畫，你的症狀也會減少。你可能會發現，到了第五週、第六週或第七週，你會突然間享受到症狀戲劇性地緩解了，開始感覺到比較美好。此外，你一直在作弊嗎？如果是這樣，我鼓勵你重新開始。不然，就堅持到底，在八週結束後重新評估。如果症狀還在，到時我會給你更多的引導。要記住，生物個體性意謂著，你的反應不會跟其他任何人一模一樣。

2. **提高警戒**。如果你一直偷斤減兩，這裡作個弊，那裡額外加些東西，一點這或一點那的，你認為「反正無傷」，那麼該是拉緊韁繩的時候了。讓自己在接下來的四週百分百順從。當你開始測試已經剔除的食物時，在準確度方面一定會大大不同。要提醒自己，你正在與自己的身體建立更強大且更清晰的通訊。讓我們好好完成這事。讓剔除8獲勝吧！

第五週（剔除 8）

■ 開始前，執行你的週前準備步驟。

日子這樣過

■ 本週，繼續維持你增加的晨間靜心／禱告／靜默時間，現在可別想要省略晨間的活動。即使你覺得自己已經注意到差異，但研究表示，需要四到六週才能夠完全獲益，因此，如果從第一週開始就始終如一地靜心冥想，你幾乎一定會注意到某種改變，例如睡得比較好、疼痛減少、血液循環改善了、更善於專注和解決問題、記憶力提升、動機增強，更甫提較多的同理心、冷靜、更好的人際關係，以及深邃的幸福感。靜心冥想的效果是累積性的，而且好處是深遠的，影響一輩子。

■ 享用你規劃好的早餐，打包好午餐和點心。

■ 且讓我們邁進至另一個等級。再新增一項來自你的工具箱的工具。如果已經每週執行兩項工具，那就執行三項吧。如果已經每週執行三項，那就嘗試四項吧。這不僅是讓你的剔除8飲食體驗更為有效的另一種方法，而且新增的食物和工具也將有助於保持新鮮有趣。即使你不確定自己是否會喜歡新的食物或工具，但嘗試一下無傷吧。如果不適合，就不必繼續執行。

■ 享用你規劃好的午餐、點心和晚餐。既然已經來到中途，你可能會覺得有必要加速改變你的餐點。如果你已經習慣了幾道最愛的餐點，本週來一次大地震吧。嘗試另一份食譜或是發明新餐點，不然就改造之前的最愛，只採用來自本章開頭列出的可食用食物。保持提前規劃，掌握容易準備的選項，如此就不會受到已剔除食品的引誘，那些會大大影響你的進程。

■ 假使天氣允許，本週嘗試一下在戶外運動，如果你平時不那麼做的話。或者，換個地方運動。換個景色或改變一下日常作息。換一個有氧運動器材嘗試。如果向來走路，不妨嘗試慢跑。如果常用「重量訓練機」，那就試試「自由重量訓練」，或者，如果不曾舉重，就開始舉些「輕量級」吧。如果你喜歡運動，也可以查詢當地的球隊或開課班級。網球或匹克球課程如何？某個美式壁球聯盟呢？跑步俱樂部？或許是瑜伽、皮拉提斯或舞蹈課更符合你的速度。已經過了四週，你的身體應該準備好應付較大的體力挑戰，你八成有更大的健身信心，所以現在是好時機，可以提升至下一個層級。

■ 每天執行一個替代行為，換掉本週的炎症習慣。

■ 就寢前，跟早晨花同樣長的時間靜心冥想。記住你的祈禱文，現在它可能一直在腦中川流，但也要敞開心扉，接受新的技術。觀想一下，如何呢？當你靜心時，在你的腦海裡創造一個終極平靜的地方。那可能是你到過的地方或是你想像的地方——海灘、森林、禪宗石窟、河堤、讓人遠離塵囂的豪華度假勝地。讓它成為啟發你的地方或願景。想像你就在那裡，試著觀想你見到、聽到、聞嗅到、感覺到的一切細節。想像你在哪裡都行，沒有任何限制。

本週信心喊話

我希望，目前為止你對自己的剔除8耐力感覺相當美好。你一直在做你可能不相信自己做得到的事，而且你已經做了整整一個月了。你真讚。本週讓我們繼續堅強，懂得社交。根據研究[22]，與朋友共度時光且社交生活活躍可以擴展你的人生，改善你的身心健康，甚至可以在年老時降低失智症的風險。安排與女性友人們或男性友人們夜晚一同外出（喝個無酒精雞尾酒，愉快吧？），找朋友喝茶，或是多花時間陪伴家人，了解家人的近況。人們往往深陷在繁忙的時程安排，忘了確認自己的伴侶、孩子、兄弟姊妹或父母的情況。每一個人都需要與他人分享，我們是群居動物啊。讓自己為某人而在，也讓某人為你而在。我保證，你愈是直接投入外在的世界，感覺會愈好。

第五週用餐計畫

	早餐	藥膳
週一		
週二		
週三		
週四		
週五		
週六		
週日		

午餐	點心	晚餐

如果你覺得沒有對象可以一起做這些事，怎麼辦呢？有些人與家人分隔兩地或關係疏遠，有些人剛剛搬家，誰也不認識，或是可能過度忙於工作，沒時間培養社交網絡。如果你就是這樣，那就把本週當作是你向外伸出雙臂的一週。用通訊軟體或蘋果公司的視訊通話軟體FaceTime連絡遠方的朋友和親戚，或是環顧四周，找尋在當地認識朋友的機會，例如禮拜場所、有共同興趣的社交聚會團體（在線上找到這些人），或是節慶、音樂會、農民市場之類的當地聚會，或是社區課程。要敞開心扉，願意結交新朋友。你可能不會特別遇到誰，但敞開的友善一定會讓這段經驗變得更好玩，何況你永遠不知道可能會發生什麼事。這是那種大膽的飛躍，可以使你覺得更勇敢、更堅強，也可以滿足社群內存在的生物需求。走出去，讓人們見到你那可愛的自我。

犒賞自己：好友時間

本週在平日翹班（要先得到老闆的許可。我可不希望你失去工作）。見見某位好友、家人或是想要進一步了解的某人，上午十點鐘或下午三點鐘，來杯熱茶，好好聊聊。你也可以午餐吃久一點，就完成這事了，或者，假使不可能，就挪個週末時間。放鬆一下，與別人一起共度一小時。

炎症壞習慣5：猴子的妄心

猴子的妄心（monkey mind）來自佛教術語（中國人和日本人都有這樣的說法），意思是「不定」或「善變」，用來表示一顆不安的心，無法全神貫注，因為持續像瘋狂的猴子一樣跳來跳去，無法選定任何主題或深入思考。如此焦慮、反彈式的頭腦，在我們的文化中相當普遍，往往聚焦在聲音刺激、視頻片段、廣告，以及其他不斷改變以吸引和促使我們關注的視覺和聽覺刺激上。

為何（目前）捨棄猴子的妄心：長期的猴子妄心，結果是，我們對任何東西的注意力很難超過三十秒（或是更短）。猴子的妄心也描述了這個狀態：夜晚睡不著，躺在床上，想著你需要完成的一百萬件事項，或是擔憂著八成絕不會發生的一長串事件。如此騷動喧鬧，你怎麼可能安然入睡呢？

如何捨棄這習慣：解決，或者至少大大馴服猴子妄心的關鍵一步是，要覺知到，一天中的大部分時間，我們都迷失在強迫性的思考中。要記住，對多數人而言，十分之九的念頭是重複出現的，所以實際上，多浪費時間啊！你不會一天就擺脫掉腦子裡的那隻猴子，但今天是開始帶著覺知馴服牠的契機。那隻猴子不希望你注意到牠，但是一旦你注意到，你就占了上風。

該要改做哪些事：脫離反彈式思維，對你的系統來說是解放加鎮定。你不是你的念頭或你的情緒，而是臨在著觀察它們。平日，要覺察到你的頭腦何時開始跳來跳去。注意是第一步。當你注意到時，看看你是否能夠脫離那個「跳來跳去」，如此一來，你感覺到你是從外面看著它，而不是在厚厚的它裡面。起初可能會覺得很難，但隨著練習，你一定會愈來愈好。訣竅是始終如一。一旦掌握到這點，你可能會發現，輕鬆惬意的是：踏出你的紛亂思緒，平靜地觀察它們，不回頭圈限在自己的內心戲之中。

該要納入的活動：這個練習將有助於訓練你那些有妄心的猴子懂得謙恭柔順：

- 今天兩次，每次至少五分鐘（理想上，一次是早晨的第一件事，一次就在睡前），靜默地坐著，不被打擾，聚焦在思考一樣東西。可以是圖像、文字、聲音或是愛或和平之類的概念。

- 當你的心思酷似無賴的猴子跳來跳去時，有耐心地將它帶回到你的那一樣東西上（這跟訓練小狗沒什麼兩樣）。當你這麼做時，緩緩、深入地呼吸，讓你的頭腦休息。

■ 每天這麼做，當你掌握到五分鐘時，便將時段增長一分鐘。當你掌握到六
分鐘時，再次延長時間，直到你一天兩次平靜地想到一樣東西十五分鐘。
猴子的妄心就掌握到了。

第五週過後，感覺如何呢？你的症狀正在持續減少嗎？有些完全消失了
嗎？要堅持到底喔！你不可能始終感覺到身體系統內的一切炎症，所以，不
斷持續澆熄那些發炎的火焰。請總結你目前的心智和身體健康狀況：

_____

_____

_____

_____

_____

第六週（剔除 8）━━━━━━━━━━━━━━━━━━━━━━

■ 開始前，執行你的週前準備步驟。

日子這樣過

■ 本週將你的晨間靜心、禱告或靜默時間再增長五分鐘。如果你從五分鐘開始，現在應該要增加到十五分鐘了。如果你從十分鐘開始，現在應該要增加到二十分鐘了，依此類推。我要你增加的不過是這樣的時間，而且如果你喜歡，可以繼續延長。有些人每天靜心冥想一小時，甚至更長的時間。然而，每天早晚十五至二十分鐘是絕佳的做法，將為你帶來一輩子的好處。

■ 享用你規劃好的早餐，然後打包好你的午餐和點心。今天，你已準備好迎接來到面前的任何飲食挑戰。

■ 保持使用來自工具箱的三項工具。這些一定會持續降低炎症。你的身體還在跟你說話嗎？它正在告訴你身體目前是怎麼回事嗎？在這個時候，如果你對嘗試的某樣食物或執行的某事做出正向或負向的反應，八成更能夠聽到身體的訊息。如果你聽到了，請留意。

■ 享用你規劃好的午餐、點心和晚餐。你的新飲食法是否開始感覺像是健康的習慣呢？

■ 本週持續鍛鍊。那應該要感覺起來就像你現在要做的事，而且那超讚的。你是否注意到體態、氣力、心境、能量上的差別（還不要秤體重喔）？要注意身體在運動期間和之後如何回應。身體正在跟你說話，讓它告訴你，關於你的運動選擇，它喜歡什麼，不喜歡什麼。

■ 繼續完成本週該要執行的炎症習慣替代行為。

第六週用餐計畫

	早餐	藥膳
週一		
週二		
週三		
週四		
週五		
週六		
週日		

午餐	點心	晚餐

■ 就寢前，將靜心、祈禱或靜默時間增長5分鐘。可以比照晨間的這類時間嗎？如果晚間在嘗試靜心時睡著了，也無妨。那意謂著，你的身體平靜到足以睡著，而且需要睡眠，既然你現在聽得很清楚身體在說什麼，你知道應該要讓它睡。

本週信心喊話

哇，你怎麼已經來到第六週了？不然就是，好像一直都在第六週啊。無論是哪一種情況，本週我都希望你好好考慮繼續堅持到底。隨著你的舊習慣進一步逐漸從意識中消失，你的新習慣就愈來愈確立。習慣可以像是路上的車轍，車輪總是習慣朝向所往之處。很難將你的車輪從車轍中拔出來，改而行駛在平坦的道路上，可是一旦你脫離了那個車轍，開車將會變得比較容易。當你的好習慣確立時，停掉好習慣會比回復壞習慣更難。繼續沿著清除舊習慣之路前進，好好地擺脫它。本週一定要堅強，做著你正在為自己執行的每一件事，包括身、心、靈。

犒賞自己：外出用餐

這一週，我要你來一次躍進，出外用餐——也許目前為止，你一直迴避這事，因為你不確定點餐時，你會得到什麼，而且你不想要惹惱服務生。也許你的職務需要你經常出外用餐，但不一定是為了享樂。無論是哪一種情況，本週，選擇一個有高品質食物的好地方，以及你樂於對方陪伴的一或多個用餐同伴。線上查找菜單（或是提前造訪那家餐廳），找出幾個看起來適合你的選項，主要由「適合」你的食物構成。然後與那家餐廳一起安排（如果你的要求很複雜，要事先做好這事），讓你的餐點百分百符合剔除8標準。你不需要過度叮囑。為了得到最佳結果，只要事先電話告知餐廳，基於健康原因，你正在食用某種特殊飲食。好餐館的大部分主廚，尤其是經營天然食品或偏好在地膳食的師傅，都非常樂意與你合作創造一道你可以無憂享用的美味佳餚。嘗試一下吧。如果你膽小，也許某位朋友可以幫忙打那通電話或親自當面請求。

來到餐廳時，即使之前已經與經理或大廚談過，也要告訴服務生你已經安排好來用餐並具體說明你的需求──餐廳忙碌時，不要以為大廚和服務生之間已有完整的溝通。然後坐回去，全然享受你的食物，欣賞你的用餐同伴，沉浸在餐廳的氣氛中，讓整個體驗洗滌你。你的用餐是按照計畫進行的，所以你需要做的只是放輕鬆，好好享受。最重要的是，玩得開心。歡樂是能抗發炎的。

炎症壞習慣6：情緒性進食

情緒性進食，有時候稱之為壓力進食，是一種壓力回應，包括消耗食物以緩解壓力、轉移自己遠離不愉快的感受、或是在面對抑鬱或焦慮時提供些許歡樂時刻。換句話說，當你心情不好時，你進食，為的是感覺比較美好。這是眾所周知的失戀後吃冰淇淋情節。偶爾基於飢餓以外的原因讓進食是無妨的──慶祝一下，社交一下。然而，如果基於情緒的原因進食變成習慣性──你一週好幾次，甚至是每天好幾次──那麼這是個問題，可能損害你的健康。那不是基於飢餓而進食，而是基於感受而進食，那不是健康的身體實踐或情緒習慣。

當你有情緒性的「飢餓」時，食物是填不滿你的。那只是暫時分神，很可能使你事後感覺更糟，尤其如果那導致你違背一直設法努力成就的健康改善。情緒性進食者通常渴望的食物類型，是超精製的碳水化合物，例如糖和白麵粉，或是薯片或薯條之類的炸物，或是脂肪含量極高的，好比乳酪，不然就是上述全包，例如甜甜圈。一段強烈的情緒性進食期，可能使你在健康上的優質努力脫軌，因此，如果你是個情緒性進食者且想要感覺更加美好，解決這個問題將使你獲益匪淺。

　　為何（目前）捨棄這習慣：情緒性進食可能造成不舒服的體重增加以及腹脹和胃食道逆流之類的消化問題。它可能導致強制性暴飲暴食或貪食症之類的飲食失調（有些人認為，情緒性進食本身就是一種飲食失調）。它可以引發血糖不規律，導致營養缺乏，促使焦慮和抑鬱更加惡化，而不是轉好。

　　如何捨棄這習慣：如果你是情緒性進食者，八成已經知道不會一天內就解決這個問題，但逐漸提升你的覺知，覺察到使你感覺想要進食的線索，你就可以解決這個問題。情緒性進食有著複雜的根源，很難克服，但今天，你可以先為自己制定一條規則：當你不高興或焦慮時，什麼都別吃。始終等到你覺得平靜時才進食（那個猴子的妄心練習現在可以幫助你了）。如果你在有負面情緒時進食，很可能會因為腸-腦軸（gut-brain axis）的關係而有適度且全然消化食物的問題：你的腸道知道你的腦子在想什麼，何況負面情緒是壓力重重的。壓力意謂著，身體指揮其資源離開腸道到身體的其他部位處理壓力。為了幫助你突破在身體沒有準備好接受食物時進食的習慣，請嘗試以下兩個步驟：

1. 只有在感到平靜時才決定進食。這可以造就極大的不同，突破每次情緒低迷便伸手拿一塊餅乾或一袋薯片的習慣。

2. 一旦你沉著平靜，覺得準備好要進食了，在將一口食物放入口中之前，先做一次深入、綿長、緩慢的呼吸，聚焦在要吃的食物上，然後慢慢吃。要注意與這個體驗有關的一切。不要看手機，不要閱讀任何東西，不要看電視。下次進食時，再這麼做一次。而且每次進食時，不管吃什麼，甚至是點心，甚至是吃一小口，都要再這麼做一次。當你開始情緒性進食時，這麼做一定會幫助你掌握住自己，因為情緒性進食往往發生在無心無腦的時候。

這個練習的重點是幫助你製作與食物有關的食物，而且只與食物有關。你無法擺脫強烈的情緒，而這與潛抑你的感覺或評斷你的情緒無關。情緒來來去去。這個練習是將你對人生中其他事物的感覺與你吃的食物分隔開，以此方式將處理你的情緒與處理你的食物分隔開。

現在開始，每天和每次進食時，要做到上述兩件事。當你的情緒劫持你的善意時，有時候你可能會忘記或沒有執行這個練習就進食，但當你執行時，要對自己有耐心。溫柔地提醒自己回到這個練習，帶著愛和慈悲對待你自己和對待你此刻擁有的強烈感受。

該要改做哪些事：負面情緒，尤其是焦慮，可能會促使你感覺不得不去做些事，什麼事都好，以求減輕那個不好的感覺。食物是不費力的回應，但還有許多其他的事你可以做，如果你沒有找到其他東西來取代你的自動進食回應，那就比較難克服這個問題。列出你喜歡做的五件事，可以無須準備便立即動手的五件事，將這份清單貼在你家廚房，或是在你升起情緒性進食的衝動時，最有可能看見的地方。挑出五件事的其中一件，堅定地決定改做那件事。

該要納入的活動：以下是代替情緒性進食的活動。你的清單當然會反映出你自己的偏好。

- 帶著耳機連續收聽三首最喜愛的歌曲。
- 去散步──不需要換衣服，直接出門。
- 做二十下緩慢的深呼吸，吸氣時數到5，呼氣時數到10。
- 淋個浴，用刷子或毛巾用力擦洗全身肌膚，然後濕潤全身。
- 坐下來觀看可笑的節目或電影（沒有食物或手機──純粹觀賞那場演出）。
- 喝半公升的水。
- 吃四根芹菜──雖然芹菜是食物，但卻不是「暴食」食品，而且嘎吱嘎吱的咬嚼聲有助於減輕焦慮。

- 小睡二十分鐘。

- 不停地自由書寫十五分鐘。寫下你感覺到的任何東西，不思考，或是不擔心文法或聽起來如何。不評斷——單純為自己而寫。

- 做任何其他事，只要可以減輕壓力，不會立即感受到處在沒有食物的當下。

何時該求助？

對某些人來說，飲食課題需要專業人士，這並沒有什麼錯。受過飲食課題訓練的治療師，可以幫助你識別情緒性進食的源頭，為你提供策略，擺脫造成進食行為的情緒，找到更有效且個人化的方法來處理你的情緒。

第六週過後，感覺如何呢？只剩下兩週時間。本週你注意到了哪些身體和心智健康方面的改善呢？

_____

_____

_____

_____

_____

第七週（剔除 8）━━━━━━━━━━━━━━━

- 開始前，執行你的週前準備步驟（見126頁）。

這樣過日子

- 最後衝刺警示！只剩下兩週了，你能相信嗎？現在是時候了，該要開始好好考慮到底有多麼想要將這些晨間靜心／祈禱／靜默時段，納入你的下半輩子。你現在感覺到好處了嗎？你還愛它嗎？你的身體告訴你它愛這個儀式嗎？如果是這樣，好好考慮從現在開始，每天早上該怎麼做這事。你是否還猶豫不決呢？你是否還不確定你的身體是那麼在意呢？要繼續進行下去，別漏掉任何一天。等到八週結束時，我希望你會心服口服，但如果沒有，那就按照你的自然傾向繼續前進。

- 你只剩下兩週時間，所以現在是好時機，可以開始好好考慮如何將這樣的膳食規劃習慣帶進你的下半輩子。你知道童子軍們都怎麼說：要做好準備。

- 讓我們再次提高賭注。在接下來的兩週內，嘗試納入來自工具箱的至少四項工具，或是比你已經在執行的工具多一項，用較強的來壓制任何剩餘的頑固炎症。

- 繼續鍛鍊。如果那麼做讓事情變得更有趣，就繼續加速改變吧。要做出長期的承諾，例如，報名參加某個聯賽，或是某健身房、工作室，或與某團體合作的長期課程或療程。這將有助於保持良好習性，即使是在剔除旅程結束後。此外，關於鍛鍊，要隨時清楚你的身體喜愛什麼、厭惡什麼。每一個人都不一樣，回應也不同。有些人需要比較強而有力的活動，有些人需要比較平靜的活動，儘管多數人八成在兩相結合時表現得最好。你能分辨出你的身體偏愛哪一邊嗎？

第七週用餐計畫

	早餐	藥膳
週一		
週二		
週三		
週四		
週五		
週六		
週日		

午餐	點心	晚餐

■ 如果你還有想要甩脫的炎症習慣，那就執行本週的替代行為，換掉你選擇要剔除的習慣。

■ 再一次，繼續你的夜間儀式，好好思考如何在這個計畫結束後仍舊保留這個儀式，或是想想你是否想要繼續這個儀式。你注意到睡眠和／或腦子受益匪淺嗎？想想往後你想要做些什麼（不要想太久──你該做的是睡覺）。

本週信心喊話

什麼，這週之後，只剩下一週了？當你活出抗炎的生活時，時間肯定飛逝。我為你和你迄今為止成就的一切感到十分驕傲。本週，我要你開始思考，在這個計畫結束後，該做些什麼。你想要永遠保留哪些習慣、做法、食物、食譜、態度嗎？你希望將哪些保留下來，以防需要時抽出來用？哪些對你無效呢？將你的頭腦導向這樣的未來，但不要讓那個未來害你分神，要堅強守住目前的計畫。你還有本週和下週要執行，然後就可以開始測試，重新整合已經被你捨棄的食物。你可能最後帶回幾項從前的最愛，但那並不意謂著你應該要丟棄這類抗炎生活型態的其餘部分。要繼續聆聽你的身體，因為它將會幫助你做出所有這些決定。

犒賞自己：水療日，可以選擇自己來

本週你應該得到一個水療日。挑一天，安排一些水療服務，例如按摩、指甲修剪、好好洗一洗、吹一吹（或是染染頭髮，如果你在意那事）、用蠟除毛、靈氣療程、紅外線桑拿浴、浸泡在按摩浴缸中，或是你最享受的什麼事都行。究竟是簡單還是複雜，完全如你所願。如果你無法或不想去真正的水療中心，也可以靠自己來個DIY水療日。在滿是瀉鹽和精油的溫暖浴缸中放鬆（薰衣草、玫瑰或依蘭是放鬆的好油精選），搭配蠟燭和音樂。與伴侶或朋友交換按摩。喜歡的話，可以浸泡和擦洗雙腳，做做指甲。好好洗個頭，做些需要花很長時間但值得的事。造訪有熱水浴池的當地游泳池，好好泡一泡。或是花一個小時放鬆一下，雙腳抬高，聆聽你喜愛的音樂，放鬆一下。感覺奢侈豪華。那是你應得的啊。

炎症壞習慣7：社會孤立和／或社交媒體成癮

無疑的，人類是群居生物，但人際關係和人類的溝通交流卻可能是困難的，甚至是痛苦的。還有什麼更便捷的治療法勝過把人類直接從這個狀況中移除掉呢？社群媒體可能是個好玩的方法，可以與老友保持聯繫，或是與舊識或遠方親朋分享日常生活細節，但當它成為你的主要社交活動時，你可能會有問題。社群媒體工程師創造了那些讓人成癮的計畫。他們利用FOMO（fear of missing out，「唯恐錯過」）的心態。如果你錯過了世界上發生的某件大事，怎麼辦呢？如果你錯過了某人發生的事，怎麼辦呢？如果大家想你，怎麼辦呢？當某人喜歡你發布的東西或是給予正向的留言時，那會釋放出多巴胺[23]，就像毒品一樣，使你飄飄欲仙。那讓你感覺十分美好──他們喜歡我，他們真的喜歡我。

為何（目前）捨棄這習慣：社群媒體不斷打斷人們，因為當事人屢屢停下手邊工作檢查收到的通知。這使得當事人無法長時間全然投入某個活動，而全然投入是一項如果你從不曾練習過就可能會失去的技能。此外，社群媒體也使得人際交往變得比較欠缺同理心。人們在社群媒體上說些當面八成不會說的事。這可能導致霸凌、仇恨性言論、過度簡化複雜的課題、分歧，最終導致人與人之間的真正接觸陷入沮喪和孤立[24]。社群媒體也可能扭曲你與朋友和家人的實質關係──甚至使你的伴侶和孩子們覺得，你比較關心你的手機，不關心他們。那真的是你想要做的事嗎？

　　如何捨棄這習慣：有幾種流行趨勢可以幫助人們戒斷，或是至少中斷一下，挑戰人們戒斷社群媒體一段時間——九十九天、一個月甚至是一天。一開始，嘗試這個方法的人們表示感到失落，但沒多久，他們就開始重拾自己的人生和失去的社交技巧。你是該要嘗試這個方法的社群媒體成癮者嗎？

　　今天——只有今天——完全脫離社群媒體。收發電子郵件無妨，但不要Facebook，不要Twitter，不要Instagram，不要Snapchat，不要Pinterest，不要Reddit，不要LinkedIn，不要Myspace（純粹開玩笑啦），不要Tumblr，不要Google，甚至不要Tinder。今天禁止向左滑或向右滑。把你的FOMO（fear of missing out，唯恐錯過）蛻變成JOMO（joy of missing out，歡喜錯過）。把這想成是對自己做一番心理實驗。你可能會大大震驚，驚訝於單是一天內，你就能夠大大醒悟，看清周邊的實體世界。你可以明天再回頭檢查，但我希望你會定期持續這麼做——例如，每週一天無社交媒體日——即使是在你的剔除8時間結束後。

　　該要改做哪些事：許多人有實質的戒斷症狀，很難不握住並檢查自己的手機——是的，這是個問題。有個替代行為是有幫助的。當你覺得神經緊張或失落或不得不檢查你的社群媒體時，那是來自腦子的信號，表示你需要與真實的人類連結。要用比較令人充實滿意的活動來酬謝你的腦。

　　該要納入的活動：嘗試這些策略，幫助你再次與人類真實地面對面接觸，重新連結。

- 與你身邊的真實友人或家庭成員好好對話。
- 更好的是，與某個真正的人共度一天，在沒有電話的區域，談談彼此的人生。
- 用筆和紙寫一封信。將信放入真正貼了郵票的真實信封中寄出。好懷舊！
- 注意你的其他家庭成員是否也有問題——你可以把這個「社群媒體淨化」當作一件家事或挑戰，尤其因為許多兒童和青少年有這方面的問題。

第七週過後，感覺如何呢？還有一週！你覺得你已經實現了部分或全部的目標嗎？

_____

_____

_____

_____

_____

第八週（剔除 8）

■ 開始前，執行你的週前準備步驟。

日子這樣過

■ 難以置信的是，現在是最後一週了，但這不是懈怠的時候。一直要到第八週的最後一天，你才算完成，所以要好好守住你已在執行的一切，帶著額外的熱情做到這點——讓我們堅持到底。那意謂著，本週每天早晨靜心、祈禱或靜默地坐著。此外，回顧你到底走了多遠，同時期待你即將面臨的一切驚喜。針對這點好好靜心冥想！記得那句美好而古老的祈禱文嗎？本週滿懷熱情地把它說出來。

■ 這是你執行結構化用餐規劃的最後一週。下週開始，你將逐步重新引進好一陣子沒有食用的一些食物。為了在下週重新引進時可以從你的身體得到最好的答案，沒有炎症在本週偷偷溜回來就變得相當重要，所以要保持百分百忠於你的食物清單。

■ 這是最後一週使用來自你的工具箱的指定工具，但只要你覺得需要，可以隨時使用這些工具。如果你的發炎症狀再次悄然出現，這些目標明確的資源始終隨侍在側，成為你的祕密武器。

■ 本週繼續前進。鍛鍊現在是你自然生活的一部分。

■ 如果你還有一個想要突破的炎症習慣，那本週要努力了。如果其他七個炎症習慣的任何一個又偷偷溜回來，務必回顧並重新建立那些替代行為。根深柢固的習慣很難打破，需要時間，所以我並不期望你完全超越這一切，但持續警戒並聆聽你的身體，一定會幫助你持續培養更好的習慣。

■ 每晚就寢前，讓你的靜心、祈禱或念頭聚焦在感恩上。在你的剔除旅程中，誰幫助過你呢？某位家人？某位朋友？某位醫生或健康護理人員？某個支持小組或治療師？你在過去八週認識的新朋友嗎？你生命中有些什麼讓你能夠完成這個計畫，是支持你的伴侶？還是像啦啦隊一樣擁護你的朋友呢？是財務上的資源嗎？還是靈活有彈性的工作呢？感恩是能抗炎的，它也幫助我們正確地保有自己的人生。人生和健康都是旅程，而我們並不是獨自經歷這些的。

本週信心喊話

吹個小號，敲敲鼓，這是你的最後一週。時候到了，該要拍拍自己的背，順利無阻地穿行而過。本週，要堅強地完成你正在執行的每一件事。絕不提前放棄。我也希望你回顧一下在逐步剔除的期間你所寫下的內容，以及你在第一週過後寫下的內容。回顧那個時間。有什麼已經改變了呢？有時候，當改變是逐步漸進時，我們注意不到，除非回想起自己昔日的感受。在開始這個計畫之前，你感覺如何呢？

過去八週期間，改變過的每一件事都是一則來自你的身體的通信。理解這點很重要。如果你感覺比較美好，某些症狀減輕或消失了，那你的身體正在告訴你，它喜愛你一直在做（或不做）的某事（或每一件事）。如果某些症狀仍舊流連徘徊，那也是來自你的身體的訊息，要麼身體仍舊不喜歡你正在做的事，要麼身體還沒有完成療癒。所有這一切都是很好的資訊，所以本週，聆聽，聆聽，再聆聽。在重新整合被剔除的食物之前，你需要仔細收聽，所以，再次終極磨練身體的聆聽技巧。你即將密集地使用它們（而且還是不要量體重——你可以下週再量，或是如果你不在乎，完全跳過量體重）。

第八週用餐計畫

	早餐	藥膳
週一		
週二		
週三		
週四		
週五		
週六		
週日		

午餐	點心	晚餐

犒賞自己：送自己一份禮物

這一週，給自己一份禮物，獎勵自己的一切辛勤努力。可能是一件新衣服（尺寸大概比原本的小），圍巾、領帶、珠寶之類的配件，或是一只新皮夾，不然就是你一直想要的其他東西，例如文具、酷涼的水晶、蠟燭或某樣小玩意。那也可以是一種體驗、某項服務或單純地休假一天。可大可小，可以昂貴或完全免費。可以是新的或二手的，但應該是你通常不會沉迷的東西。想像一下，你正在挑選你的摯友真正喜愛和珍惜的東西，充盈著你對她或他的滿滿愛意。也許可以包裝一下，甚至可以加張卡片，卡片是你寫給你的友人（你自己），訴說她或他對你來說頗為重要的每一件事。不妨有點言過其實，你當之無愧啊。

炎症壞習慣 8：欠缺更高階的人生目的

最後一個炎症習慣比較有些哲學性。希望你深思一下，你今生的更高階人生目的是什麼。你可能立馬知道，那很讚。或者，你可能需要思考一段時間，你甚至可能領悟到你還沒有更高階的人生目的。如果你沒有，那麼是時候了，該要開始釐清這一點，因為一旦你理解到，活在比自己更恢弘壯麗的某樣東西的服務之中且在其中茁壯成長有何好處，你就會興起動機，繼續你的健康旅程。

我說更高階的人生目的是什麼意思呢？可能是某種靈性的落實，可能是人生的使命，可能是你最愛做的事，促使你早晨起床的某樣東西。無論是什麼，它都是為你的生命帶來意義的東西。

為什麼有一個更高階的人生目的呢？已有實例證明，擁有某個更高階的人生目的可以改善健康、幫助從疾病或手術中恢復，以及改善腦功能，包括中風的風險[25]。它與你的幸福息息相關。表示沒有更高階人生目的的人們，往往在某次健康危機後產生比較不幸的結果，更常抑鬱消沉，對人生的滿意度較低。

　　你要如何找到更高階的人生目的呢？在最後這週期間，我要你認真思考這點。什麼東西使你的生命有意義？你是否積極相信比自己更大的某樣東西呢？如果你的人生有個使命宣言，它會囊括些什麼呢？如果你已經知道一些答案，那就將它們擺在腦海的前方。嘗試撰寫一份使命宣言，內容不必長，但這麼做可以幫助你釐清你的優先順序。你的人生是怎麼一回事呢？如果你不確定，只要記住這個問題，不斷詢問自己這個問題。最終將會浮現某樣東西，而且那可能會隨著時間的推移而改變，但無論它現在是什麼，那就是要優先考慮的事。

　　該要納入的活動：完成以下這些事，可以幫助你發現自己的更高階人生目的——這些是長期的事，但只需要朝它們邁進一步，就能促使至少其中一件在本週發生：

- 加入某個禮拜場所或靈性團體，或研究某樣使你覺得有興趣的靈性傳統。
- 學習你一直想要學習的新東西，例如如何彈鋼琴，或是如何說西班牙語、法語、義大利語、中國話，或是如何練空手道或太極或瑜伽，或是如何編織或做木工。那不一定是高尚的（雖然它可以是高尚的），只是要使你感覺到熱情滿滿。你可以嘗試多種活動，看看哪些活動與你產生共鳴。
- 挑選你曾經喜愛但因人生受阻而停下來的東西。或許你可以開始規劃你一直想去的旅行，或是完成之前開始撰寫的那本書，或是終於取得那個學位。如果你曾經跳舞或寫詩或畫山水畫或彈吉他而且非常喜愛，那就騰出時間，再次開始。
- 你可以自願組成一個幫助他人的組織——兒童、動物、沒飯吃的人、窮人，無論擄獲你的心的是什麼——明白服務工作如何改變你的視角。

當你找到時，你一定會知道。在此跟自己講講你的最高階人生目的：

_____

_____

_____

_____

_____

第八週過後，感覺如何呢？你已經完成了這個計畫，現在你有機會回顧過去這八週，好好想想你的進展。你的人生有哪些部分改變了？既然你已經完成了剔除8階段，請繼續前進到第7章，學習如何重新整合我們八週以來中斷的食物。

_____

_____

_____

_____

_____

第6章

四週／八週實用抗炎食譜

　　無論接下來四週或八週，你暫時中止了什麼食物，都要運用這些安全且深度滋養的食譜，好好享受你可以品嚐的一切食物。在這份迷你食譜中，你會找到核心4路線食譜，然後是剔除8路線食譜。這些之後，可查找談論超級食物藥膳以及湯品的那一節，本書的用餐計畫採納了幾道這樣的藥膳和湯品食譜，但這些也可以單獨享用。

　　始於122頁的用餐計畫運用了所有這些食譜，但你可以根據自己的口味挑選，嘗試你覺得看起來不錯的食譜，忽略其他。不然就是冒險每道都嘗試一下！如果你通常沒時間在工作日下廚，大部分這些食譜都可以提前製作，存放在冰箱或冷凍庫裡，方便平日快取食用。每一件事物都在此協助你，而不是局限你。你隨時可以調整任一道食譜，讓它適合你，或是挑選看起來不錯的食譜，忽略其他。

　　註：每當某樣食材寫著「合規」（compliant）時，那意謂著，這是已經預製好的食物（例如雞肉蘋果香腸或美乃滋），而且當中所有食材必須符合你的食物清單，沒有已被剔除的食材，如果購買任何包裝食品，請仔細閱讀標示。

「核心4」食譜：早餐／午餐／晚餐／點心

核心4早餐

· ·

椰子奶油南瓜粥

開始製作到完成：10分鐘

供2至3人食用

食材：

1包（0.3公升）冷凍的立方體奶油南瓜

¼杯罐裝無糖椰奶，外加些許，上桌時用

½茶匙肉桂粉

¼茶匙磨碎的橙皮

⅓杯石榴籽

¼杯切成小塊的核桃，烤過

作法：

1. 根據包裝說明，用微波爐微波奶油南瓜。將南瓜移到中型碗裡。用馬鈴薯搗碎器搗爛，搗至勻稱滑順。將¼杯的椰奶、肉桂粉、橙皮放入攪拌。

2. 用紙巾蓋住碗；用微波爐高溫加熱兩分鐘，或是直到熱透，加熱中途，攪拌一次。

3. 用湯匙將南瓜粥舀入碗中。如有需要，額外淋上椰奶。上頭點綴石榴籽與核桃。

蓬鬆無麩質薄烤餅

開始製作到完成：20分鐘

供4人食用

食材：

½杯木薯粉

½杯椰子粉

1茶匙肉桂粉

⅛茶匙猶太鹽（kosher salt）

1茶匙無鋁發酵粉

1茶匙橙皮或檸檬皮（選用）

¾至1杯杏仁奶、火麻奶或椰子奶

1根熟香蕉，搗碎

2顆大雞蛋

1茶匙香草精

1大匙椰子油，視需要外加

配料，例如酥油、藍莓、切成薄片的草莓、切成薄片的香蕉、和／或攪打過的無糖椰漿*（選用）

作法：

1. 將木薯粉和椰子粉、肉桂粉、鹽、發酵粉、橙皮（如果喜歡的話）置入中型碗一起攪打；擱置一旁。

2. 將杏仁奶、香蕉、蛋、香草置入攪拌器中，蓋上蓋子攪拌至勻稱滑順。將

---

* 註：這是罐裝產品，比椰奶濃稠。只用無糖椰漿。浮在一罐全脂椰奶頂端的奶油也是椰漿。如果找不到無糖椰漿，也可以採用這種。

這樣的杏仁奶混合物倒入麵糊中。攪打至勻稱滑順。

3. 一大匙椰子油置入平底鑄鐵鍋或沉重的大煎鍋中，中火加熱。一次倒入約¼杯麵糊至平底煎鍋上，如有必要，將麵糊攤平。煎兩分鐘，或是煎到頂部起泡、底部呈金黃色為止。將薄煎餅翻面再煎一至二分鐘，或是煎到底部呈金黃色（視需要多加椰子油）。

4. 趁熱吃，如有需要，加些配料。

鷹嘴豆泥綠蔬早餐盅

開始製作到完成：30分鐘
供4人食用

食材：
3大匙橄欖油或酪梨油
1大匙白葡萄酒醋
1茶匙合規的法式第戎（Dijon）芥末醬
1大匙切碎的紅蔥
⅛茶匙猶太鹽
粗粒現磨黑胡椒
1盒（0.14公升）綜合生菜或其他綜合蔬菜
櫛瓜鷹嘴豆泥
2杯吃剩的雞肉絲或豬肉絲，或¼杯切碎的熟培根，或4顆半熟蛋
1至2大匙葵花籽，烤過
紅辣椒片（選用）

作法：

1. 製作油醋醬時，將油、醋、芥末、紅蔥、鹽、黑胡椒置於小碗中一起攪打，調味。將蔬菜置於大碗內；輕輕淋上油醋醬，然後攪拌均勻。

2. 四只淺碗，每只均塗抹些許鷹嘴豆泥。將蔬菜放在鷹嘴豆泥上。蔬菜上方加½杯雞肉或豬肉、一大匙切碎的熟培根或一顆蛋。喜歡的話，撒上葵花籽、紅辣椒片。

墨西哥酪梨烘蛋

開始製作到完成：25分鐘

供4人食用

食材：

2顆大型熟酪梨

4顆大雞蛋

¼茶匙孜然粉

⅛茶匙猶太鹽

1杯切成小塊的紅色和／或黃色聖女小番茄（又稱「葡萄番茄」）

¼杯切碎的紅洋蔥

1大匙切碎的新鮮芫荽葉

2茶匙新鮮萊姆汁

作法：

1. 烤箱預熱至約220℃。酪梨縱切成兩半；將果核去除。挖出果肉，留下1.3公分厚的殼。酪梨肉暫擱一旁。

2. 將各半的酪梨放進鬆餅杯或小模子。一次一顆蛋，打入焗杯或小碗中，然
　 後只將適量倒入半顆酪梨裡。剩餘的蛋清丟棄。在蛋上撒些孜然粉和鹽。
　 烘烤十五至二十分鐘，或是烘烤到蛋清凝結、蛋黃開始變稠為止。

3. 同時，將酪梨果肉切塊，製成莎莎醬。將切塊的酪梨、番茄、洋蔥、芫荽
　 葉、萊姆汁置入小碗中混合。將莎莎醬淋在烤過的酪梨蛋上。

堅果種子與椰子格蘭諾拉脆穀麥

準備時間：15分鐘

烘焙時間：20至25分鐘

供6至8人食用

食材：

4顆帝王椰棗，去核

3大匙椰子油

1茶匙香草精

1茶匙肉桂粉

½茶匙海鹽

1杯杏仁

1杯美洲山核桃

1杯核桃

½杯無糖椰子片

¼杯葵花籽

¼杯南瓜籽

作法：

1. 烤箱預熱至約 160°C。椰棗置入小碗中，加入滿過椰棗的足量熱水，讓椰棗浸泡十分鐘。瀝乾椰棗；倒掉浸泡過的水。將浸泡過的椰棗和椰子油放入食物調理機，攪動至變成糊狀。加入香草、肉桂、鹽。攪動至混合均勻為止。

2. 將杏仁、美洲山核桃、核桃加入食物調理機內的椰棗糊裡。攪動幾次，攪拌均勻。

3. 一只大烤盤鋪上錫箔紙。將格蘭諾拉脆穀麥撒在錫箔紙上，同時撒上椰子片、葵花籽、南瓜籽。烘烤二十至二十五分鐘，或是烤到開始酥脆為止。

4. 將烤盤從烤箱中取出，等完全冷卻。

香料蘑菇與蔬菜雜燴佐荷包蛋

準備時間：20分鐘

烘烤時間：30分鐘

供4人食用

食材：

2包（0.2公升）切片鈕扣蘑菇（button mushroom）

2根中型胡蘿蔔，去皮，切小塊

12顆小型育空（Yukon）黃金馬鈴薯，切成四分之一

1杯切碎的紅蔥

3大匙橄欖油

1茶匙孜然粉

½茶匙肉桂粉

½茶匙煙燻紅甜椒粉（smoked paprika）

1茶匙猶太鹽

½茶匙現磨黑胡椒

4杯不壓實的嫩葉羽衣甘藍、菠菜或芝麻菜

4顆大雞蛋*

切碎的新鮮扁葉香芹（選用）

作法：

1. 烤箱預熱至約230°C。架子置放在烤箱中央。將烘焙紙或錫箔紙鋪在大烤盤上。

2. 蘑菇、胡蘿蔔、馬鈴薯、紅蔥置入大碗中混合。橄欖油、孜然粉、肉桂粉、紅甜椒粉、鹽、胡椒置於小碗中攪拌。淋在蔬菜上，攪拌均勻。將蔬菜鋪在大烤盤上。烤二十分鐘，或是烤到馬鈴薯剛剛變嫩、開始變棕黃色。

3. 烤箱溫度降至約200°C。將羽衣甘藍放到烤盤上，攪拌至軟爛；必要的話，將烤盤放回烤箱內燜二至三分鐘。

4. 將蔬菜雜燴劃分成四區，小心翼翼地在每一區打一顆蛋。將蔬菜雜燴再烤八至十分鐘，或是烤到蛋清凝結、蛋黃達到期望的熟度為止。喜歡的話，上頭點綴香芹。

番薯早餐煎鍋

準備時間：15分鐘

烹調時間：15分鐘

供4人食用

---

* 註：若要把這道菜製作成純素食，請省略雞蛋。

食材：

3大匙酥油或橄欖油，分次使用

450公克番薯，去皮，縱向切成四塊，然後切成每片0.6公分厚

1杯切片褐色蘑菇（cremini mushroom）

1小顆黃色洋蔥，切碎

½杯切碎的紅色甜椒

½茶匙猶太鹽

½茶匙煙燻紅甜椒粉

¼茶匙現磨黑胡椒

2根全熟的合規雞肉蘋果香腸（無糖），縱切成四等分，再切成每片0.6公分厚

2杯切片羽衣甘藍

4顆大雞蛋

作法：

1. 2大匙酥油置於30公分的鑄鐵煎鍋中用中火加熱。油熱後，加入單一層番薯。蓋上鍋蓋煎六至八分鐘，中途將番薯翻面。

2. 加入蘑菇、洋蔥、甜椒、鹽、紅甜椒粉、黑胡椒；輕輕拌勻。鍋蓋打開，煮三分鐘。加入香腸和羽衣甘藍；鍋蓋打開，煮三至五分鐘，或是煮到羽衣甘藍軟爛、蔬菜變嫩為止。

3. 同時，將剩餘的一大匙酥油置於大大的不沾鍋中，中火加熱。將蛋打入煎鍋中。爐火調至低溫；煎三至四分鐘，或是煎到蛋清凝結，蛋黃開始變稠。

4. 將番薯雜燴分到四只盤子裡。每盤番薯雜燴上方加一顆煎蛋。

核心4午餐

蒜味奶油南瓜麵佐波蘭香腸

開始製作到完成：20分鐘

供2至3人食用

食材：

2大匙橄欖油或酥油

2瓣蒜頭，切成薄片

1包（0.35公升）新鮮或冷凍奶油南瓜麵

2條合規的（無糖）波蘭香腸或雞肉蘋果香腸，切片

1杯壓實的嫩葉菠菜、芝麻菜或羽衣甘藍

猶太鹽和現磨黑胡椒

¼ 杯粗略切塊且烤過的美洲山核桃

作法：

1. 用中大火在大煎鍋中加熱橄欖油。加入蒜末；熱一分鐘或是熱至變成金黃色為止，經常翻炒。將蒜末移至小碗中；暫擱一旁。將奶油南瓜麵加入炙熱的煎鍋中。蓋上鍋蓋，燜煮五分鐘，偶爾攪拌。將波蘭香腸加入煎鍋。再蓋上鍋蓋，燜煮五分鐘，或是煮到香腸熟透、麵條軟嫩為止。

2. 將蒜末放回煎鍋裡，輕輕翻炒菠菜，直至軟爛。加鹽和胡椒調味。食用前在上頭加些美洲山核桃。

碎切羽衣甘藍沙拉佐泰式花生調味醬

開始製作到完成：25分鐘

供4人食用

調味醬製作食材：

¼ 杯無糖天然奶油花生醬（應該只含花生，含鹽或不含鹽均可）

2大匙未調味米醋

2大匙鳳梨汁

2大匙椰子氨基酸（coconut aminos，很像醬油，但用椰子製成，所以是無大豆且無麩質）

½ 茶匙烤芝麻油

½ 茶匙磨碎的新鮮生薑

¼ 茶匙磨碎的萊姆皮

1至2大匙的水，如果需要的話

沙拉製作食材：

5杯嫩葉羽衣甘藍，粗略切碎

1½ 杯切絲紫甘藍

1杯煮熟的帶殼毛豆

¾ 杯切成粗絲的胡蘿蔔

1顆芒果，去皮，去核，切丁

1小顆紅色甜椒，去籽，切丁

¼ 根小條的英式黃瓜，縱向切成兩半，切片

2根中型青蔥，切成薄片

¼ 杯鬆散的切碎新鮮芫荽葉，如有需要，則多加，作裝飾用

½ 杯烤過的無鹽花生

作法：

1. 製作調味醬時，將花生醬、醋、鳳梨汁、椰子氨基酸、芝麻油、生薑、萊姆皮一起置入小型食物調理機或攪拌器中，蓋上蓋子，調理或攪拌，直到勻稱滑順為止。如有必要，加入一至二大匙的水，讓調味醬變成期望的濃稠度。

2. 製作沙拉時，將羽衣甘藍置入大型沙拉碗中。淋上一半的調味醬。用乾淨的雙手按摩羽衣甘藍二至四分鐘，使其軟嫩。加入紫甘藍、毛豆、胡蘿蔔、芒果、甜椒、黃瓜、青蔥、芫荽葉。淋上剩餘的調味醬。

3. 拌勻。撒上花生。如有需要，多加芫荽葉裝飾。

芒果鮪魚沙拉雞蛋泡泡芙

開始製作到完成：30分鐘
供6人食用

雞蛋泡泡芙製作食材：
1大匙酥油或椰子油
4顆大雞蛋
½杯罐裝椰奶
3大匙椰子粉
¼茶匙細海鹽

鮪魚沙拉製作食材：
½杯「基本手作美乃滋」（食譜見後文）或合規美乃滋，例如用酪梨油製成的美乃滋
2茶匙新鮮萊姆汁

2罐（0.14公升）野生捕撈的長鰭鮪，瀝乾

1½杯切丁芒果

¼杯切碎的紅洋蔥

½杯切丁涼薯（jicama）

3大匙切碎的新鮮羅勒

猶太鹽和現磨黑胡椒

作法：

1. 製作雞蛋泡泡芙時，烤箱預熱至約220℃。六只雞蛋泡泡芙杯或六公分的鬆餅杯中，每只放入½茶匙的酥油。準備麵糊時，將泡泡芙或鬆餅烤盤放進烤箱。

2. 將蛋、椰奶、椰子粉、鹽置入攪拌器中混合。蓋上蓋子，攪拌至均勻混合。小心翼翼地將烤盤從烤箱中取出。將準備好的杯子裝入半杯滿的麵糊。烘烤二十至二十五分鐘，或是烤到膨脹而色金黃。從烤盤中取出泡泡芙；置於網架上冷卻。

3. 同時製作鮪魚沙拉，將美乃滋和萊姆汁一起置入中型碗中攪拌。加入鮪魚、芒果、紅洋蔥、涼薯、羅勒。拌勻。用鹽和胡椒調味。

4. 上桌時，用鋸齒刀將雞蛋泡泡芙縱向切成兩半，兩半均置於沙拉盤上。用湯匙舀取鮪魚沙拉，堆在各半的泡泡芙中間。

基本手作美乃滋

　　將一顆大雞蛋（室溫）、½茶匙乾芥末、¼茶匙鹽、一茶匙新鮮檸檬汁、一茶匙蘋果醋置入攪拌器之中混合。蓋上蓋子；攪拌至澈底混合。在攪拌器運轉的時候，經由加料管緩緩加入一杯酪梨油或淡味橄欖油，直至混合物乳化為止。貯存在密封容器內，放入冰箱，可冷藏長達一週。

快煮豆仁佐花椰菜飯

準備時間：5分鐘

烹調時間：15分鐘

供3至4人食用

食材：

1大匙酥油

1茶匙剁碎的新鮮生薑

1瓣蒜頭，剁碎

1茶匙咖哩粉

½茶匙印度綜合辛香料葛拉姆馬薩拉（garam masala）

1包（0.26公升）蒸扁豆

¾杯雞肉為湯底的「大骨湯」或購買的合規雞骨湯

¾杯椰奶

½茶匙猶太鹽

1顆李子番茄，去籽，切丁

1大把嫩葉菠菜，粗略切碎

煮熟的花椰菜飯，上桌時用

作法：

1. 開中火，讓酥油在中型鍋裡融化。加入生薑和蒜末。邊加熱邊攪拌，持續一分鐘。加入咖哩粉和葛拉姆馬薩拉，繼續加熱攪拌，直到香料的香味四溢，時間三十秒至一分鐘。

2. 加入扁豆、大骨湯、椰奶、鹽。煮到滾。加入番茄。火轉小些，慢慢煨煮至分量略減，時間三至四分鐘。加入菠菜攪拌。慢火煨煮至菠菜微爛，時間二至三分鐘。

3.上菜時置於花椰菜飯上。

煙燻鮭魚沙拉

開始製作到完成：15分鐘

供4人食用

食材：

½杯基本手作美乃滋或合規的美乃滋，例如，用酪梨油製成的美乃滋

2大匙米醋或新鮮檸檬汁

2大匙切碎的新鮮蒔蘿

¼茶匙猶太鹽

⅛茶匙現磨黑胡椒

1盒（0.14公升）綜合沙拉蔬菜

1條英式黃瓜，切成薄片

2片（0.11公升）合規的（無糖）煙燻鮭魚或吃剩的熟鮭魚，切片

½小顆紅洋蔥，切成薄片

2顆煮熟的雞蛋，切成楔形

1大匙瀝乾的酸豆

切碎的新鮮蒔蘿或韭菜，裝飾用（選用）

作法：

1.製作調味醬時，將美乃滋、醋、蒔蘿、鹽、黑胡椒置入小碗中一起攪拌。

2.每一只盤子上均塗抹一些調味醬，上頭鋪上綠色蔬菜。將黃瓜片、鮭魚、
　洋蔥、雞蛋、酸豆排在綠色蔬菜上方。如有需要，再加蒔蘿或韭菜裝飾。

番薯培根生菜番茄三明治

開始製作到完成：30分鐘

供4人食用（每人兩份三明治）

圓麵包製作食材：

3顆略圓的大番薯，去皮（選擇看上去最適合圓麵包大小的番薯）

2大匙椰子油

¼茶匙猶太鹽

餡料製作食材：

8片合規的（無糖）培根

3大匙合規的奇波雷煙燻辣椒（chipotle）美乃滋或基本手作美乃滋或合規的美乃滋，例如用酪梨油製成的美乃滋，加上少量奇波雷煙燻辣椒粉

1顆小番茄，切成8片

8小片萵苣葉

作法：

1. 製作圓麵包時，烤箱預熱至約200℃。用烘焙紙鋪好兩只烤盤。

2. 番薯洗淨；用清潔的廚房毛巾擦乾。從番薯的最寬處切下十六片1.3公分厚的番薯片。番薯片置於大碗中，與椰子油和鹽一起拌勻。將番薯片單層鋪在準備好的烤盤上。烘烤二十至二十五分鐘，或是烤到變軟嫩但結實到足以撐住三明治餡料。

3. 同時，以中火用大煎鍋煎培根約八分鐘，煎到幾乎變脆。將培根移到紙巾上瀝乾。橫向對切成兩半。

4. 組合三明治時，將美乃滋塗抹在每片番薯的一側。在半數的番薯片上方各擺上兩片對半培根、一片番茄、一片萵苣。剩餘一半的番薯片當蓋子蓋上，塗

抹美乃滋的那一側朝下。如有必要，用三明治籤將三明治固定在一起。

華道夫沙拉捲

開始製作到完成：15分鐘

供4人食用

食材：

1杯切丁脆蘋果

2根西洋芹菜莖，切片

½杯無籽葡萄，對半切或切成四等分

1杯吃剩的熟雞，切塊（選用）

½杯烤過的美洲山核桃，切成塊狀

¼杯無糖酸櫻桃乾或酸味蔓越莓乾

½杯基本手作美乃滋或合規的美乃滋，例如用酪梨油製成的美乃滋

1大匙蘋果醋

1至2大匙切碎的新鮮龍蒿（tarragon）

½茶匙粗鹽

¼茶匙現磨黑胡椒

8片比布萵苣（Bibb lettuce）葉

作法：

1. 將蘋果、西洋芹、葡萄、雞肉（喜歡的話）、美洲山核桃、櫻桃置入大碗中一起攪拌。

2. 製作調味醬時，將美乃滋、醋、龍蒿、鹽、胡椒置入小碗中一起攪拌。

3. 將調味醬加在沙拉上；攪拌均勻。將沙拉舀到萵苣葉上。

核心4晚餐

....

早餐吃全日吃墨西哥風番薯片

開始製作到完成：40分鐘

供4人食用

食材：

4片合規（無糖）培根，切成每片1.3公分厚

2顆中型番薯，去皮

1顆紅甜椒，去籽，切丁

猶太鹽和現磨黑胡椒

4顆雞蛋

1顆酪梨，切成兩半，去核，去皮，切丁

2根青蔥，切碎

1根墨西哥辣椒（jalapeño），視需要去籽，切片

切碎的新鮮芫荽葉（選用）

合規的莎莎醬，上菜時用

作法：

1. 烤箱預熱至約200℃。培根單層排放在38×25公分的烤盤上。烤八至十分鐘，或是烤到培根變脆。用有溝槽的湯勺將培根移到紙巾上。平底鍋中只留下兩大匙的油汁，其餘倒掉。

2. 同時，用蔬果刨將番薯切成0.3公分厚的切片。將番薯單層排放在烤盤上。用保留的培根油汁先塗抹一面，翻面再塗。撒上甜椒。用鹽和胡椒調味。烤十五分鐘，或是烤到番薯軟嫩且邊緣變成棕黃色。將烤箱溫度降低

到約200℃。

3. 小心翼翼地將一顆顆雞蛋打在番薯上，注意不要打破蛋黃。烘烤八至十分鐘，或是烤到蛋清凝結。

4. 如有需要，在這些類似墨西哥烤乾酪玉米片的墨西哥風番薯片上加培根、酪梨、青蔥、墨西哥辣椒、芫荽葉。食用時搭配莎莎醬。

花椰菜核桃墨西哥夾餅

準備時間：15分鐘

烘烤時間：20分鐘

供4人食用

食材：

½杯曬乾的番茄（不是油漬番茄喔）

2杯花椰菜花

1杯核桃

¼杯葵花籽

2瓣蒜頭，剁碎

1茶匙孜然粉

2茶匙辣椒粉

½茶匙煙燻紅甜椒粉

½茶匙猶太鹽

8片比布萵苣葉

1顆酪梨，切半，去核，切片，或是1杯購買的合規酪梨醬

合規的莎莎醬

切碎的新鮮芫荽葉，上菜時用

作法：

1. 烤箱預熱至約200°C。將曬乾的番茄置入小碗中，加熱水滿過番茄。靜置五分鐘；瀝乾，浸泡番茄的水保留下來。

2. 將花椰菜、核桃、葵花籽、瀝乾的曬乾番茄、蒜末、孜然粉、辣椒粉、紅甜椒粉、鹽置入食物調理機中混合。加入一大匙預留的番茄水。調理至混合物類似小豌豆。移至有邊框的大烤盤上。烤二十分鐘或烤到花椰菜軟嫩且混合物變成棕黃色。

3. 食用時，用萵苣葉包夾這款墨西哥夾餅餡料；上頭點綴酪梨、莎莎醬、芫荽葉。

薑蒜蝦佐大白菜

準備時間：10分鐘
烘烤時間：20分鐘
供4人食用

食材：
4條中型胡蘿蔔
1顆大型紅色甜椒，去籽，粗略切碎
1大匙橄欖油
粗鹽和現磨黑胡椒
3大匙椰子氨基酸
2茶匙烤芝麻油
1大匙磨碎或剁碎的新鮮生薑
3瓣蒜頭，剁碎
450公克中型蝦，去殼，去腸線

1小顆大白菜，切成薄薄的楔形

½至1杯合規的韓國泡菜，瀝乾

切碎的青蔥，上菜時用

烤過的芝麻籽，上菜時用

作法：

1. 烤箱預熱至約200℃。將烤架擺在烤箱中央。在有邊框的烤盤上鋪上烘焙紙。

2. 將胡蘿蔔和甜椒置於準備好的平底鍋上。淋上橄欖油，加些許鹽和胡椒調味；攪拌均勻。烤十分鐘。同時，將椰子氨基酸、芝麻油、薑、蒜置入小碗中一起攪拌。

3. 將胡蘿蔔和甜椒推到平底鍋一側；加入蝦子和大白菜。用鹽和胡椒為蔬菜和蝦子調味。淋上椰子氨基酸調味汁。將韓國泡菜加在大白菜上。烤十分鐘，或是烤到大白菜脆嫩且蝦子不透明為止。

4. 撒上青蔥和芝麻籽。

香煎鮭魚佐苦綠蔬與甜櫻桃

準備時間：20分鐘

烹調時間：15分鐘

供4人食用

鮭魚製作食材：

4片（0.14公升）無骨鮭魚片，每片厚約2.5公分

1茶匙猶太鹽

½茶匙粗粒現磨黑胡椒

1大匙橄欖油

1茶匙酥油

沙拉製作食材：

3大匙新鮮柳橙汁

2大匙特級初榨橄欖油

1茶匙白葡萄酒醋或蘋果醋

猶太鹽和現磨黑胡椒

2小顆紫萵苣，去芯，葉片撕成幾塊

1杯鬆散的芝麻菜

½杯撕過的甜菜葉或亞洲芥菜葉

2大匙切碎的新鮮扁葉香芹

1杯新鮮的賓（Bing）櫻桃或瑞尼爾（Rainier）櫻桃，去核，切半

作法：

1. 鮭魚部分，用鹽和胡椒調味。

2. 在大型鑄鐵煎鍋中，用中大火加熱橄欖油和酥油至油滾。將鮭魚放入鍋中，皮朝上。煎至一側金棕色，約四分鐘。用刮鏟將鮭魚翻面，煎至摸起來感覺堅硬，大約還需要三分鐘。

3. 同時製作沙拉，將柳橙汁、橄欖油、醋置於大碗中一起攪打，攪打至混合均勻為止。用鹽和胡椒調味。加入紫萵苣、芝麻菜、甜菜葉、香芹。輕輕拌勻。

4. 上菜時，將蔬菜舀到四只盤子上，每盤上面加一塊鮭魚片。撒上櫻桃。趁熱吃。

香蒜雞胸肉佐番茄丁醬

準備時間：30分鐘

烹調時間：25分鐘

供4人食用

香蒜醬和雞胸肉製作食材：

2杯不壓實的新鮮羅勒葉*

¼杯松子

2大瓣蒜頭，粗略切碎

2茶匙新鮮檸檬汁

¼茶匙猶太鹽

1茶匙營養酵母（選用）

3大匙橄欖油

4塊（0.14公升）無骨、無皮的雞胸肉

醬汁製作食材：

1大匙橄欖油

½杯切碎的韭蔥（只用白色部分）

1大瓣蒜頭，剁碎

1罐（0.8公升）完整去皮的李子番茄，不瀝乾，切塊

猶太鹽和現磨黑胡椒

¼茶匙合規的義大利香醋（balsamic vinegar）

---

* 註：製作菠菜香蒜醬時，可用2杯羅勒代替1½杯不壓實的嫩葉菠菜加½杯不壓實的新鮮羅勒。

作法：

1. 製作香蒜醬時，將羅勒、松子、蒜末、檸檬汁、鹽、營養酵母（如果使用的話）置入食物調理機中混合。蓋上蓋子，調理到羅勒粗略切碎。食物調理機運行時，同時將橄欖油少量少量地加進去，直到香蒜醬混合得勻稱滑順為止。

2. 製作雞胸肉時，將每塊雞胸肉放在兩片保鮮膜之間。用肉槌的平坦面將雞胸肉槌至0.6公分厚。將四分之一的香蒜醬放在每塊雞胸肉的中央。將香蒜醬均勻地抹平至雞胸肉邊緣，留0.6公分的邊不沾香蒜醬。從狹窄端開始，捲成捲筒夾心蛋糕狀。必要的話，用木製牙籤固定好。將捲好的雞胸肉放在盤子上，接縫面朝下。

3. 製作醬汁時，在大煎鍋中用中火加熱橄欖油。加入韭蔥。拌炒五分鐘，或是拌炒到韭蔥差不多變嫩。加入蒜末，再拌炒一分鐘，或是拌炒到韭蔥變嫩。加入沒瀝乾的番茄，慢火煨煮五分鐘，偶爾攪拌。用鹽和胡椒調味。加入義大利香醋攪拌。加入加了香蒜醬的雞胸肉。蓋上鍋蓋，中火煮十五至二十分鐘，或是煮到溫度計達約70°C。

4. 上桌時，如有必要，可取下木製牙籤。可整塊上桌，或是切成薄片，旁邊搭配一湯匙醬汁。

根菜咖哩

準備時間：15分鐘
烹調時間：15分鐘
供4人食用

食材：
2½杯合規蔬菜高湯

¾ 杯合規椰漿*

2 大匙合規的綠色或紅色咖哩醬

¼ 茶匙猶太鹽

1 大匙椰子油

1½ 杯去皮切丁的番薯

½ 杯去皮切丁的歐防風（parsnip）

¼ 杯切成細條狀的黃色洋蔥

1 罐（0.4公升）鷹嘴豆，瀝乾且沖洗過

1 包（0.35公升）冷凍花椰菜飯

¼ 杯烤過的無鹽腰果，粗略切塊

2 大匙切碎的新鮮芫荽葉

作法：

1. 將蔬菜湯、椰漿、咖哩醬、鹽置入中型碗中一起攪打。

2. 用中火在大型不沾煎鍋中加熱椰子油。加入番薯和歐防風。煎炒三分鐘，偶爾攪拌。加入洋蔥，再煎炒一分鐘。加入攪拌好的蔬菜湯和鷹嘴豆。煮滾；火轉小。蓋上鍋蓋煨煮十分鐘，或是煮到蔬菜軟嫩，偶爾攪動一下。

3. 同時，按包裝說明加熱花椰菜飯。上桌時將咖哩淋在花椰菜飯上，再加上腰果和芫荽葉。

週間夜牛河粉

開始製作到完成：30分鐘

供4人食用

---

* 註：這是罐裝產品，比椰奶濃稠。只用無糖椰漿。浮在一罐全脂椰奶頂端的奶油也是椰漿。如果找不到無糖椰漿，也可以採用這種。

食材：

0.35公升有機草飼側腹牛排

2大匙椰子油

猶太鹽和現磨黑胡椒

5杯牛肉為湯底的「大骨湯」或購買的合規牛骨湯

2茶匙椰子氨基酸

2茶匙合規的魚露

1大匙剁碎的新鮮生薑

2根中型胡蘿蔔，切成細火柴棒狀或粗略切絲

1包（0.3公升至0.35公升）櫛瓜麵

¼杯切碎的青蔥

1片新鮮的塞拉諾辣椒（serrano）或墨西哥辣椒（jalapeño），切片（選用）

½杯切碎的新鮮薄荷、羅勒和／或芫荽葉

1顆萊姆，切成楔形

作法：

1. 如有需要，將牛肉冷凍約二十分鐘，方便切片。將腹側牛排縱切成兩半，然後每一半逆紋細切成薄片。薄片再對切成兩半。在四公升的荷蘭烤鍋或大鍋中，將椰子油用中火融化。加入牛排肉，加些許鹽和胡椒調味。偶爾攪拌一下，時間兩分鐘或是直到兩面均呈棕黃色。從荷蘭烤鍋中取出牛排，擱置一旁。小心翼翼地加入大骨湯、椰子氨基酸、魚露、生薑。用中大火將湯煮滾。

2. 將胡蘿蔔和櫛瓜麵加入湯中。煮兩分鐘或是煮到麵條變Q彈。

3. 將牛排肉放回湯中。用長柄杓將櫛瓜河粉撈進碗裡，撒上青蔥、塞拉諾辣椒（如果使用的話）、新鮮草本。食用時搭配楔形萊姆片。

核心4點心

···

水牛城雞沾醬

準備時間：10分鐘

烘焙時間：20分鐘

供8人食用

食材：

1大匙酥油

½杯切碎的黃色洋蔥

2瓣蒜頭，剁碎

⅔杯基本手作美乃滋或合規的美乃滋，例如，用酪梨油製成的美乃滋

1罐（0.15公升）無糖椰漿＊（約⅔杯）

1大匙合規的第戎芥末醬

¼茶匙煙燻紅甜椒粉

1茶匙蒜粉

½茶匙洋蔥粉

½茶匙海鹽

¼杯合規辣醬

1大匙新鮮檸檬汁

2½至3杯切絲熟雞肉

————————————

＊ 註：這是罐裝產品，比椰奶濃稠。只用無糖椰漿。浮在一罐全脂椰奶頂端的奶油也是椰漿。
　　如果找不到無糖椰漿，也可以採用這種。

切片新鮮蔬菜,例如西洋芹、櫛瓜、胡蘿蔔和／或紅、橙、或黃色甜椒,上菜時用

作法:

1. 烤箱預熱至約180℃。用中火在大煎鍋中融化酥油。加入洋蔥和蒜末;拌炒四至五分鐘,或是直到洋蔥變軟。

2. 同時,將美乃滋、椰漿、芥末醬、紅甜椒粉、蒜粉、洋蔥粉、鹽、辣醬、檸檬汁置入大碗中一起攪拌。加入雞肉攪拌。加入煮熟的洋蔥和蒜末攪拌。舀入兩公升的烤盤中。

3. 不加蓋烤二十分鐘,或是烤到熟透且邊緣冒泡。

4. 這款沾醬搭配切片蔬菜一起上桌。

花椰菜堅果麵餅

準備時間:10分鐘
烘焙時間:15分鐘
供6人食用(每人4片麵餅)

食材:
4杯小型花椰菜花
1顆大雞蛋
2大匙橄欖油
½杯杏仁粉
½茶匙猶太鹽
⅛茶匙卡宴辣椒粉
1大匙營養酵母

作法：

1. 烤箱預熱至約200°C。兩只烤盤鋪上烘焙紙。

2. 花椰菜放入食物調理機。蓋上蓋子，攪動，攪動到花椰菜切碎但尚未成泥。加入雞蛋、橄欖油、杏仁粉、鹽、卡宴辣椒粉、營養酵母。蓋上蓋子，調理到混合均勻為止。

3. 舀2大匙花椰菜糰放在預備好的烤盤上。用湯匙背面將菜糰抹開成0.3公分的厚度。剩下的花椰菜糰如法泡製。

4. 烤十至十五分鐘，或是烤到花椰菜麵餅的表面變成金黃色。用寬型刮鏟將麵餅翻面。烤二至三分鐘，或是烤到變成金黃色。

5. 將麵餅移到網架上。趁熱吃，或是等涼了再吃。

辣味堅果與蔓越莓

開始製作到完成：25分鐘
製作2½杯（每人¼杯）

食材：

1茶匙辣椒粉

¾茶匙猶太鹽

¼茶匙蒜粉

¼茶匙現磨黑胡椒

⅛茶匙孜然粉

1大匙橄欖油或酪梨油

1杯原粒生杏仁

½杯原粒生腰果或夏威夷豆

½杯生的開邊美洲山核桃

¼杯生南瓜籽（去殼南瓜籽）

⅓杯糖漬蔓越莓乾或櫻桃乾

作法：

1. 烤箱預熱至約160℃。將烘焙紙鋪在有邊框的大烤盤上。

2. 將辣椒粉、鹽、蒜粉、胡椒、孜然粉置於中型碗中混合。加入橄欖油或酪梨油攪拌，混合均勻。加入杏仁、腰果、美洲山核桃、南瓜籽；攪拌，讓堅果表面均勻塗上調味油。單層鋪在準備好的烤盤上。

3. 烤十二至十五分鐘，或是烤到堅果微焦，烘烤中途攪拌一下。

4. 從烤箱中取出。加入蔓越莓乾；攪拌到混合均勻。靜置至冷卻。待室溫存放至密閉容器中，可貯存長達一週。

巧克力椰子火麻能量球

準備時間：10分鐘

冰凍時間：20分鐘

供12人食用

食材：

8顆帝王椰棗（Medjool date*），去核

¼杯火麻仁

¼杯無糖可可粉

2大匙無糖椰絲

1大匙已融化的椰子油

---

* 註：假使椰棗不夠濕，可置入滿過椰棗的熱水中浸泡十分鐘。瀝乾水分，用紙巾拍乾。

¼ 茶匙香草精

¼ 茶匙海鹽

2 大匙碎切的無糖黑巧克力

作法：

1. 椰棗置於食物調理機中攪打成球形。加入麻仁、可可粉、椰絲、椰子油、香草精、鹽、巧克力，調理至充分混合且幾近勻稱滑順。麵糰一定會黏黏的；假使濕度不夠，結不成球狀，可一次加入一茶匙水，再次調理混合。假使太濕，則一次額外加入一茶匙火麻仁，再次調理混合。

2. 在烤盤或盤子上鋪上烘焙紙。用直徑2.5公分的湯勺或雙手（如有必要，可先弄濕）將麵糰製作成十二顆球。將放置十二顆球的烤盤置於冷凍庫冰二十分鐘，或是冰到能量球堅實。剩下的麵糰貯存於密封容器，置於冰箱裡，可冷藏一週，或冷凍一個月。

脆烤鷹嘴豆

準備時間：10分鐘

烹調時間：1小時30分鐘

供8人食用

食材：

2罐（0.4公升）鷹嘴豆，瀝乾且沖洗過

2大匙橄欖油

1茶匙猶太鹽

2茶匙喜歡的香料或綜合香料，例如咖哩粉、辣椒粉、印度綜合辛香料葛拉姆馬薩拉，煙燻紅甜椒粉或牙買加混合調味料（選用）

作法：

1. 烤箱預熱至約180°C。將沖洗過的鷹嘴豆置入沙拉蔬果脫水器，旋轉幾次，去除多數水分。將鷹嘴豆放在鋪了紙巾的有邊框烤盤上，上頭鋪上另一層紙巾，然後滾動鷹嘴豆，去除剩餘的濕氣。這些鷹嘴豆應該要看起來無光澤且感覺上完全乾燥。
2. 移除烤盤上的紙巾。將鷹嘴豆撒在烤盤上，淋上橄欖油，撒上猶太鹽，攪拌均勻。
3. 將鷹嘴豆烤三十分鐘。如果喜歡，可撒上喜歡的綜合香料，攪拌均勻。關掉烤箱，將鷹嘴豆留在烤箱中乾燥、變脆，大約需要一小時。
4. 讓鷹嘴豆完全冷卻，然後貯存至密封容器內。

酪梨醬餡小甜椒

開始製作到完成：30分鐘
供6人食用（每人半顆甜椒兩份）

食材：

6顆紅、黃和／或橙色迷你甜椒
1顆熟透的哈斯酪梨
1大匙切碎的青蔥
1大匙新鮮萊姆汁
2茶匙剁碎的新鮮芫荽葉
1茶匙剁碎的墨西哥辣椒
1瓣蒜頭，剁碎
¼茶匙海鹽
3片合規培根，煎至酥脆，切碎

6顆葡萄番茄，切片

作法：

1. 甜椒縱向切成兩半，小心翼翼地除去種子和白色薄膜。
2. 酪梨縱向切成兩半，去核。用湯匙將果肉刨至碗中。用叉子將果肉搗碎至勻稱滑順。加入青蔥、萊姆汁、芫荽葉、墨西哥椒椒、蒜末、鹽攪拌。
3. 在每半顆甜椒中填入二至三茶匙酪梨餡料。上頭擺上碎培根和番茄片。

櫛瓜鷹嘴豆泥 * 黃瓜壽司捲

開始製作到完成：15分鐘

供4至5人食用

食材：

2小條櫛瓜，去皮，粗略切塊

1瓣蒜頭，切成兩半

2大匙新鮮檸檬汁

3大匙中東白芝麻醬

1大匙特級初榨橄欖油

½茶匙孜然粉

⅛茶匙煙燻或一般紅甜椒粉

¼茶匙猶太鹽

1條英式黃瓜

檸檬皮，裝飾用（選用）

---

* 註：為了使這份食譜適合剔除8族群，可用合規的酪梨醬代替櫛瓜鷹嘴豆泥。

作法：

1. 將櫛瓜、蒜頭、檸檬汁、中東白芝麻醬、橄欖油、孜然、紅甜椒粉、鹽，置於食物調理機中混合，調理至均勻滑順如奶油狀。

2. 用Ｙ型蔬菜削皮器或是把蔬果刨設定成最薄，將黃瓜縱向刨成薄片，捨棄黃瓜皮的第一片和最後一片（如果用普通黃瓜，則去皮，然後縱切成薄片）。

3. 舀起大約兩茶匙鷹嘴豆泥放到每片黃瓜的中央；輕輕捲起。如有需要，可用檸檬皮裝飾。

「剔除 8」食譜：早餐／午餐／晚餐／點心

剔除8早餐

早餐牛排佐甜薯餅

準備時間：15分鐘

烹調時間：15分鐘

供2人食用

食材：

1顆中型番薯，去皮，切絲

2根青蔥，剁碎

6大匙橄欖油，分次使用

猶太鹽和粗粒現磨黑胡椒

2大匙合規且預先備好的辣根（horseradish）

2大匙無蛋美乃滋

1茶匙碎切的新鮮韭菜

½茶匙檸檬皮

½茶匙猶太鹽

⅛茶匙粗粒現磨黑胡椒

2條（0.14公升）肋眼牛排，每塊1.3公分厚

作法：

1. 將番薯和青蔥置入中型碗中混合。淋上三大匙橄欖油，加鹽和胡椒調味；拌勻。烤箱預熱至約120°C。

2. 用中火加熱大號鑄鐵煎鍋。在熱煎鍋中加入兩大匙橄欖油。將番薯加入煎鍋*，在煎鍋內側邊緣留下1.3公分邊區（番薯會愈煎愈平）。煎八至十分鐘，直到底部呈金棕色且酥脆。用大刮鏟將金棕色的番薯泥翻面，需要的話，再加橄欖油。再煎四至五分鐘，或是直到底部呈金棕色且酥脆。從煎鍋中取出，放在烤箱內有邊框的大烤盤上保溫。

3. 同時製作辣根醬，將辣根、美乃滋、韭菜、檸檬皮、鹽、胡椒置於小碗中混合。

4. 用中大火在煎鍋內加熱剩下的一大匙橄欖油。等煎鍋熱了，加入牛排，每一面煎兩分鐘（若要五分熟，溫度約為60°C）。

5. 將辣根醬塗在牛排上。牛排搭配薯餅一起上桌。

---

* 註：用幾根番薯測試煎鍋，確保鍋是熱的；如果發出嘶嘶聲，表示煎鍋已經夠熱了。

球芽甘藍培根蘋果鮭魚煎鍋

開始製作到完成：15分鐘

供2人食用

食材：

3片合規培根

1大顆紅蔥，切成薄片

1袋（0.26至0.29公升）切絲球芽甘藍

½顆小蘋果，去皮，去核，粗略切絲

1至1½杯煮熟的鮭魚片

¼茶匙猶太鹽

¼茶匙粗粒現磨黑胡椒

1茶匙椰子氨基酸

½顆熟酪梨，切半，去核，去皮，切丁

1茶匙檸檬皮

切碎的新鮮蒔蘿、羅勒或扁葉香芹

作法：

1. 中火在大煎鍋內將培根煎五至八分鐘，或是煎至酥脆，翻面一次。將培根移到紙巾上瀝乾；放涼後切碎。大煎鍋中只留一大匙培根油，其餘取出。

2. 將紅蔥加入炙熱的煎鍋裡；爆香三至四分鐘，或是直到紅蔥變軟且開始變脆。加入球芽甘藍攪拌。蓋上鍋蓋，再熱兩分鐘。掀開，再熱三分鐘，或是熱到球芽甘藍脆嫩，偶爾攪拌一下。

3. 加入蘋果和鮭魚攪拌；用鹽、胡椒、椰子氨基酸調味。拌炒二到三分鐘，或是拌炒到鮭魚和蘋果熟透為止。

4. 上桌時，撒上碎培根、酪梨、檸檬皮、蒔蘿。

酥皮芳草花椰菜排佐蘑菇燴洋蔥

準備時間：20分鐘

烘烤時間：30分鐘

供2人食用

食材：

1顆（900公克）花椰菜，去掉葉子，芯完整

2大匙橄欖油，分次使用

¼茶匙粗海鹽

¼茶匙粗粒現磨黑胡椒

½杯切碎的黃色洋蔥

1包（0.14公升）切片褐色蘑菇

1瓣蒜頭，剁碎

¼杯切碎的新鮮扁葉香芹

2大匙切成小塊的無硫化杏桃乾

2茶匙橙皮

作法：

1. 烤箱預熱至約220°C。將錫箔紙鋪在有邊框的烤盤上。用大刀從頂端將花椰菜切出兩塊2.5公分厚的切片（保留剩餘的花椰菜，以備下次使用）。將花椰菜切片放在準備好的烤盤上；用一大匙橄欖油塗刷花椰菜兩面；撒上鹽和胡椒。將花椰菜烤十五分鐘；小心翼翼地翻面。再烤十至十五分鐘，或是烤到花椰菜軟嫩。

2. 同時以中火在大煎鍋內加熱剩下的1大匙橄欖油。加入洋蔥，加熱三至四分鐘，或是直到洋蔥變軟，偶爾攪拌一下。加入蘑菇和蒜末；加熱四至五分鐘，或是直到蘑菇出水，開始變棕色，經常攪拌（必要的話，再加橄欖

油）。可以額外加鹽調味。

3. 將香芹、杏桃、橙皮置於小碗中混合。如有需要，可額外替花椰菜淋上少
　 許橄欖油。上桌時，花椰菜旁邊搭配蘑菇燴洋蔥，撒上香芹調味料。

綜合蔬菜冰沙

開始製作到完成：5分鐘
供2人食用

食材：
1小條香蕉，切成塊狀
⅓杯罐裝全脂椰奶
1杯水
1杯冷凍芒果塊
½杯冷凍桃片
1.3公分厚的切片去皮生薑
¼茶匙薑黃粉
½包（0.14公升）綜合生菜

作法：
1. 將香蕉、椰奶、水、芒果塊、桃片、生薑、薑黃、蔬菜置入攪拌器中，攪
　 拌至勻稱滑順。
2. 倒入兩只玻璃杯；立即享用。

香腸鑲蘋果

準備時間：25分鐘

烘焙時間：35分鐘

供4人食用

食材：

2大匙酥油，分次使用，外加些許，滋潤烤盤

4顆中型的貝瑞本（Braeburn）蘋果或蜜脆（Honeycrisp）蘋果

¾杯加3大匙100%鮮榨殺菌過的原味蘋果汁

1½茶匙猶太鹽，分次使用

1茶匙蒜粉

1茶匙洋蔥粉

1茶匙乾鼠尾草末

½茶匙乾製百里香葉

¼茶匙現磨黑胡椒

450公克絞碎的瘦豬肉或火雞肉

1½茶匙葛根粉

1包（0.3公升）冷凍奶油南瓜飯，根據包裝說明烹煮，待上桌

作法：

1. 烤箱預熱至約220℃。用少量酥油輕輕滋潤33×22公分的烤盤。

2. 將蘋果縱向切成兩半。從沒切到的兩個側面各切下薄薄的一片，方便蘋果平放。用挖球器，去核，丟棄種子。挖出內部，留0.6至1.3公分厚的外殼。將蘋果果肉切碎。

3. 中火在小煎鍋中融化一大匙酥油。加入蘋果果肉，加熱三至五分鐘，或是直到蘋果變軟，偶爾攪拌一下。離開火源；將蘋果肉移到大碗裡。加入一

　　大匙原味蘋果汁、一茶匙鹽、蒜粉、洋蔥粉、鼠尾草末、百里香葉、胡椒攪拌，然後冷卻放涼。

4. 將豬肉加入碗中的蘋果餡料裡。輕輕攪拌，留意不要攪拌過度。將混合好的蘋果香腸餡鬆鬆地塞進蘋果殼中。將鑲好的蘋果放入準備好的烤盤。不加蓋，烘烤三十五到四十分鐘，或是烤到溫度計插入餡料中心附近時，讀數為：豬肉餡溫度約70℃，火雞餡溫度約70℃。

5. 同時製作醬汁，將兩大匙原味蘋果汁和葛根粉置入小型平底深鍋中一起攪打，攪打到充分混合。將¾杯原味蘋果汁加入攪打。用中火邊煮邊攪拌，煮到起泡為止。轉小火；邊煮邊攪拌一分鐘。

6. 上桌時，將剩餘的一大匙酥油和½茶匙鹽加入煮熟的奶油南瓜中攪拌。分成四盤，鑲好的蘋果擺在南瓜飯上。淋上醬汁。

蝦培根秋葵佐蒜香花椰菜粒

開始製作到完成：30分鐘
供4人食用

花椰菜粒製作食材：

3大匙酥油

2瓣蒜頭，剁碎

1茶匙椰子氨基酸

½杯雞肉為湯底的「大骨湯」或購買的合規雞骨湯

2包（0.4公升）冷凍花椰菜飯

1茶匙粗鹽

1茶匙粗粒現磨黑胡椒

蝦子製作食材：

2片合規培根

1大匙酥油

¾ 杯粗略切丁的黃色洋蔥

¾ 茶匙粗鹽

¾ 茶匙粗粒現磨胡椒

1茶匙乾牛至，壓碎

½ 茶匙蒜粉

450公克修剪過且切成薄片的新鮮秋葵，或是1袋（0.4公升）冷凍切塊秋葵

450公克中型蝦子，去皮，去腸線

1大匙新鮮檸檬汁

切碎的新鮮扁葉香芹，用於裝飾（選用）

作法：

1. 製作花椰菜粒時，中火在大煎鍋中融化酥油。加入蒜末，爆香三十秒。加入椰子氨基酸、大骨湯、花椰菜攪拌；用鹽和胡椒調味。煮五分鐘，經常攪拌，或是煮到花椰菜軟嫩。如有需要，用浸入式攪拌器將花椰菜攪拌至幾近勻稱滑順。蓋上鍋蓋保溫。

2. 同時，製作蝦子，在另一只大煎鍋中用中火將培根煎至酥脆。移到襯有紙巾的盤子上瀝乾。冷卻後切碎培根。煎鍋中只留下一大匙培根油，加入酥油，加入洋蔥，加熱八至十分鐘，或是直到洋蔥軟嫩，偶爾攪拌一下。

3. 將鹽和胡椒、牛至、蒜粉置入小碗中一起攪拌。將秋葵加入洋蔥裡；撒上攪拌好的調味料。將火源升至中大火。加熱三分鐘，經常攪拌。加入蝦子；再加熱三分鐘，或是直到蝦子不透明且秋葵脆嫩，經常攪拌。加入檸檬汁攪拌。

4. 將花椰菜粒分成四盤。上頭擺上煮好的蝦仁雜燴。如有需要，點綴香芹裝飾。

番薯椰棗冰沙

開始製作到完成：5分鐘

供1人食用

食材：

½杯冷凍香蕉片*

⅓杯粗略切絲的胡蘿蔔

⅓杯蘋果汁

2至3顆冰塊

2顆帝王椰棗，去核，切塊

⅔杯煮熟、搗碎、冷卻的番薯

少量肉桂粉

作法：

1.將香蕉片、胡蘿蔔絲、蘋果汁、冰塊、椰棗置入攪拌器中混合。蓋好蓋子，混合到幾近勻稱滑順。

2.加入番薯。蓋好蓋子，攪拌到勻稱滑順為止。倒入玻璃杯中。撒上肉桂粉。

---

* 註：為了手邊隨時保有製作冰沙的冷凍香蕉片，可將幾根香蕉去皮，切成一片片1.3公分厚。將香蕉片放入少量柳橙汁中攪拌，防止香蕉變成棕色。將香蕉片瀝乾，單層排放在襯有烘焙紙的烤盤上冷凍。冷凍後，將香蕉片貯存在密閉的冷凍容器或是可重複封口的塑膠冷凍袋裡。

剔除8午餐

....

花椰菜甘藍塔布勒沙拉

準備時間：10分鐘

冷卻時間：30分鐘

供4人食用

食材：

3大匙橄欖油，外加些許，上桌時用

2包（0.3或0.35公升）冷凍花椰菜甘藍飯，或是約5杯的花椰菜飯

1茶匙猶太鹽，分次使用

3大匙新鮮檸檬汁

¼杯粗略切塊去核的卡拉馬塔（Kalamata）橄欖

1條中型英式黃瓜，切碎

2根青蔥，切成薄片

¼杯切碎的新鮮薄荷

½杯切碎的新鮮捲葉香芹

楔形檸檬片（選用）

作法：

1. 中大火在大型煎鍋內加熱橄欖油，加入花椰菜和½茶匙猶太鹽。熱五分鐘或是熱到花椰菜脆嫩，偶爾攪拌一下。將花椰菜撒在一大張錫箔紙或烘焙紙上冷卻†。

---

† 註：花椰菜可在前一天準備；蓋好，冷藏，待使用。

2. 將剩餘的 ½ 茶匙猶太鹽和檸檬汁置於大碗中一起攪拌。加入冷卻的花椰菜、橄欖、黃瓜、青蔥、薄荷、香芹；輕輕攪拌，混合均勻。

3. 上桌時，如有需要，可搭配楔形檸檬片，同時再多淋一些橄欖油。

雞肉櫛瓜麵湯

開始製作到完成：30分鐘

供4人食用

食材：

450公克無骨去皮雞胸肉塊

3大匙橄欖油，分次使用

1顆中型黃色洋蔥，切碎

2根西洋芹菜莖，切丁

1根中型胡蘿蔔，切丁

4杯雞肉為湯底的「大骨湯」或購買的合規雞骨湯

2杯水

½茶匙乾燥百里香

½茶匙猶太鹽

¼茶匙現磨黑胡椒

2杯櫛瓜掛麵

2大匙切碎的新鮮香芹

作法：

1. 用紙巾輕拍，吸掉雞肉上的水分。用中大火在大型平底深鍋裡加熱兩大匙橄欖油。加入雞肉，煎六至八分鐘，或是直到雞肉變成棕黃色，翻面一次（此時不要將雞肉完全煮熟）。將雞肉移到切菜板上，切成丁狀；擱置一旁。

2. 用中火在同一只平底深鍋中加熱剩餘的一大匙橄欖油。加入洋蔥、西洋芹、胡蘿蔔。邊加熱邊攪拌，持續四分鐘，或是直到洋蔥開始變軟。加入大骨湯、水、百里香、鹽、胡椒，煮到滾，加入雞肉，蓋上鍋蓋，煨煮六至八分鐘，或是煮到雞肉熟透。加入櫛瓜麵條。蓋上鍋蓋，煨煮一至二分鐘，或是煮到麵條Q彈。加入香芹攪拌。

檸檬魚湯佐草本綠蔬

準備時間：10分鐘
烹調時間：10分鐘
供2人食用

食材：
3杯雞肉為湯底的「大骨湯」或購買的合規雞骨湯
1茶匙檸檬皮
¼茶匙猶太鹽
0.2公升鱈魚片（或是其他肉質堅實的白魚）
½杯花椰菜飯
2茶匙新鮮檸檬汁
2杯嫩葉芝麻菜，去莖
½杯細切胡蘿蔔絲
2大匙切成細細薄片的新鮮薄荷葉
1根小蔥，切成細細的薄片（包括蔥白和青蔥）

作法：

1. 大骨湯和檸檬皮置入中型鍋內混合。將大骨湯煮至即將沸騰。火轉小些，變成蒸煮而不是煨煮大骨湯。加入鹽、魚、花椰菜飯，煮到魚和花椰菜恰恰軟嫩，大約五分鐘。將魚從湯中取出，切成一口大小的塊狀。將檸檬汁加入湯中攪拌。

2. 將湯分成兩碗，擺入魚、芝麻菜、胡蘿蔔、薄荷、小蔥。

鮭魚甜菜根切片甜茴香沙拉

開始製作到完成：15分鐘

供4人食用

食材：

1盒（0.14公升）綜合春季蔬菜

1顆甜茴香頭，修剪好，去芯，切成薄片

1包（0.2公升）冷藏全熟小甜菜，切碎

0.35公升熟鮭魚，切成薄片

¼杯特級初榨橄欖油或酪梨油

¼杯新鮮柳橙汁

2大匙合規義大利香醋

1大匙剁碎的紅蔥

¼茶匙猶太鹽

¼茶匙粗粒現磨黑胡椒

作法：

1. 將蔬菜排好在上菜的盤子或個別的盤子上。上頭擺上甜茴香、甜菜、鮭魚。

2.將油、柳橙汁、香醋、紅蔥、鹽、胡椒置於小碗中一起攪拌。將一些調味
　汁淋在沙拉上。

3.將剩餘的調味汁用蓋子蓋好，冷藏，以備下次使用。

蝦餅佐奶油蒔蘿涼拌菜絲

開始製作到完成：30分鐘

供2人食用

涼拌菜絲製作食材

½杯無蛋美乃滋

1大匙蘋果醋

½茶匙乾燥的蒔蘿

½茶匙猶太鹽

現磨黑胡椒

4杯預先切好的綜合菜絲（高麗菜和胡蘿蔔）

1根青蔥，切片

蝦餅製作食材：

0.2公升生蝦，去皮（去尾），去腸線

2大匙葛根粉

2大匙細切成丁的紅洋蔥

2大匙細切成丁的西洋芹

1大匙切碎的新鮮香芹

2大匙無蛋美乃滋

1大匙新鮮檸檬汁

¼ 茶匙猶太鹽，可視需要多加些

¼ 茶匙蒜粉

現磨黑胡椒

½ 杯椰子粉

2 大匙酥油

楔形檸檬片，上桌時用（選用）

作法：

1. 製作涼拌菜絲時，將美乃滋、醋、蒔蘿、鹽、胡椒置入小碗中混合調味。將涼拌菜絲和青蔥置於中型碗裡。淋上調味汁，拌勻。先冷藏起來，再製作蝦餅。

2. 製作蝦餅時，用紙巾輕輕拍乾蝦子，然後放入裝有金屬刀片的食物調理機中。調理至蝦子被切得細碎。移到中型碗裡，加入葛根粉、洋蔥、西洋芹、香芹、美乃滋、檸檬汁、鹽、蒜粉、胡椒調味。輕輕攪拌混合。

3. 將椰子粉與各 ⅛ 茶匙的鹽和胡椒置於小盤子上混合。舀 ⅓ 量杯的蝦糰到另一只盤子上。用雙手把蝦糰捏成一塊蝦肉餅。將蝦肉餅裹滿椰子粉，放在一旁的盤子上，剩下的蝦糰如法泡製（最後應該有四塊蝦餡餅）。

4. 中大火在大型煎鍋內融化酥油。油熱後，將蝦餡餅置入鍋中。煎三分鐘，然後小心翼翼地翻面，再煎二至三分鐘。

5. 蝦餅搭配涼拌菜絲一起上桌，如有需要，再加楔形檸檬片。

無蛋美乃滋

　　將一顆中型酪梨的果肉、¼ 杯橄欖油、一大匙椰子醬、一大匙蘋果醋或新鮮檸檬汁、¼ 茶匙蒜粉、¼ 茶匙鹽置入攪拌器或食物調理機中混合。蓋上蓋子，高速混合到勻稱滑順。貯存在冰箱內的密閉容器中，冷藏時間長達一週。使用前先攪拌。

牛排與胡蘿蔔麵盅佐阿根廷沾醬

開始製作到完成：30分鐘

供4人食用

阿根廷沾醬（chimichurri）製作食材：

1杯壓實的新鮮扁葉香芹

2大匙新鮮牛至葉

4瓣蒜頭，去皮

3大匙紅酒醋

1大匙新鮮檸檬汁

½茶匙猶太鹽

½杯特級初榨橄欖油

麵盅製作食材：

450公克有機草飼側腹牛排

½茶匙猶太鹽，可視需要多加

¼茶匙現磨黑胡椒，可視需要多加

1大匙橄欖油

1包（0.35公升）冷凍胡蘿蔔麵

4杯嫩葉芝麻菜或菠菜

作法：

1. 製作阿根廷沾醬時，將香芹，牛至、蒜頭置入食物調理機中混合；調理至切得細碎為止。加入醋、檸檬汁、鹽、油；調理至混合均勻。

2. 預熱炙燒烤箱。將烤架放置在離熱源十至十二公分的位置。

3. 製作麵盅時，進行淺斜線切割，用刀在牛排兩面劃出菱形，每個菱形間隔

2.5公分。用鹽和胡椒調味牛排。將牛排放在尚未加熱的烤盤架子上。炙烤十三至十六分鐘，烤到五分熟（溫度約60℃），中途翻面一次。將牛排移到切菜板上。用錫箔紙蓋好；靜置五分鐘。將牛排逆紋細切成薄片，然後切成一口大小。

4. 同時，用中火在大煎鍋中加熱一大匙橄欖油，加入胡蘿蔔麵條，加熱六到八分鐘，或是熱到胡蘿蔔麵條軟嫩，經常翻攪。熄火。加入芝麻菜或菠菜；攪拌至軟爛。加鹽和胡椒調味。

5. 將胡蘿蔔麵條用準備上桌的淺碗分好。頂端放上牛排，然後淋上阿根廷沾醬。

蔬菜酪梨泥椰子捲餅

開始製作到完成：10分鐘

供2人食用

食材：

1顆小型熟酪梨，去皮，去核，切成大塊

1大匙新鮮檸檬汁

¼ 茶匙猶太鹽

¼ 茶匙孜然粉

1杯剩餘的烤蔬菜（例如花椰菜、青花菜、甜菜根、洋蔥、球芽甘藍、番薯或胡蘿蔔）

2片合規的椰子捲餅

蔬菜苗

作法：

1. 將酪梨、檸檬汁、鹽、孜然粉置入中型碗內混合。用叉子搗碎，搗到配料混合均勻為止。
2. 如有需要，將蔬菜放在微波爐中加熱三十到四十五秒。
3. 在每張椰子捲餅上塗抹二至三大匙酪梨泥*。將一半蔬菜堆在捲餅中間。上頭加上蔬菜苗即可食用。

剔除8晚餐

蒜香奶油龍蒿香煎扇貝佐薄片蘆筍沙拉

開始製作到完成：20分鐘
供4人食用

沙拉製作食材：
2大匙特級初榨橄欖油
4茶匙新鮮檸檬汁
2茶匙切碎的紅蔥
⅛茶匙猶太鹽
⅛茶匙現磨黑胡椒
450公克蘆筍，修剪好

---

* 註：剩餘的酪梨泥冷藏，可用作沾醬或抹醬。

扇貝製作食材：

450公克新鮮海扇貝或冷凍海扇貝解凍

½茶匙猶太鹽

¼茶匙現磨黑胡椒

1大匙橄欖油

3大匙酥油，分次使用

2瓣蒜頭，切成薄片

1大匙新鮮檸檬汁

4茶匙切碎的新鮮龍蒿（tarragon）葉

作法：

1. 製作沙拉時，將橄欖油、檸檬汁、紅蔥、鹽、胡椒置於中型碗內一起攪打。用蔬菜削皮器將蘆筍削成細長的條狀。將條狀蘆筍和所有掉落的尖端與調味汁一起置於碗中；攪拌均勻。

2. 製作扇貝時，用紙巾將扇貝輕輕拍乾。撒上鹽和黑胡椒。用中大火在沉重的大煎鍋中加熱一大匙橄欖油和一大匙酥油。加入扇貝；煎三分鐘，或是煎到底部呈金棕色。翻面，再煎二至三分鐘，或是直到外表呈金棕色，幾乎不透明。將扇貝移到大盤子上。轉至中火。

3. 將剩餘的兩大匙酥油加到炙熱的煎鍋中。加入蒜片和檸檬汁。熱一至二分鐘，或是熱到蒜片香味四溢、呈金黃色。加入龍蒿攪拌。將蒜味奶油醬汁淋在扇貝上。上桌時搭配蘆筍沙拉。

雞肉蔬菜撈麵

開始製作到完成：30分鐘

供4人食用

食材：

1顆（1至1.3公斤）金線瓜（spaghetti squash），切成兩半，去籽

¼杯椰子氨基酸

2大匙蘋果醋

1大匙鳳梨汁

4大匙椰子油，分次使用

450公克無骨、去皮的雞胸肉或雞腿肉，切成每塊2.5公分

½茶匙猶太鹽

¼茶匙粗粒現磨黑胡椒

3瓣蒜頭，剁碎

1大匙磨碎的新鮮生薑

1杯切碎的黃色洋蔥

2包（0.14公升）切片香菇

1杯切成薄片的西洋芹

2顆青江菜，切成薄片

2根青蔥，切片

¼杯壓實的切碎新鮮芫荽葉

作法：

1. 將切成兩半的金線瓜（必要的話，一次用一半）切面朝下放進可微波的玻璃或陶瓷烤盤中。將烤盤裝滿大約2.5公分的水。高溫微波爐十五分鐘，或是微波到金線瓜軟嫩。將烤盤移到網架上，讓金線瓜稍微冷卻。用叉子從內部刮下金線瓜絲（應該可以刮下大約六杯）。

2. 將椰子氨基酸、醋、鳳梨汁置入小碗中一起混合。將調好的醬汁暫擱一旁。

3. 用中大火在特大號煎鍋中融化兩大匙椰子油。加入雞肉，不攪拌，煎兩分鐘，或是煎到雞肉不透明為止。攪拌；用鹽和胡椒調味。加入蒜末和磨碎的

生薑攪拌。再拌炒三分鐘，或是拌炒到雞肉熟透為止。將雞肉移至空碗裡。

4. 用中大火在同一只煎鍋中融化剩餘的兩大匙椰子油。加入洋蔥熱兩分鐘，直到洋蔥變軟，偶爾攪拌。加入香菇、西洋芹、青江菜。拌炒三至四分鐘，或是拌炒至蔬菜脆嫩為止。

5. 把雞肉放回大煎鍋裡；加入調味汁攪拌。烹調至雞肉澈底熟透。上桌前，將雞肉加在金線瓜之上，再分別撒上青蔥和芫荽葉。

鮮奶油椰子生薑南瓜湯

開始製作到完成：30分鐘
供4人食用

食材：

2大匙酥油

1杯粗略切丁的黃色洋蔥

1顆熟梨子，例如巴特利特梨（Bartlett pear），去皮，切成兩半，去核，粗略切碎

2袋（0.5公升）冷凍奶油南瓜（4杯）

1大匙磨碎的新鮮生薑

1茶匙薑黃粉

⅛茶匙丁香粉

1茶匙猶太鹽

¼茶匙粗粒現磨黑胡椒

1罐（0.38至0.4公升）無糖椰奶

2杯雞肉為湯底的「大骨湯」或購買的合規雞骨湯

切碎的熟培根或義大利火腿片（選用）

作法：

1. 中火在荷蘭烤鍋中融化酥油。加入洋蔥略為拌炒八至十分鐘，或是拌炒到洋蔥軟嫩、呈焦糖狀。加入梨子和南瓜；加熱到南瓜變成淺棕色、梨子軟嫩。加入生薑、薑黃、丁香、鹽、胡椒、椰奶、大骨湯攪拌。經常攪拌，煮到澈底熟透為止。

2. 用浸入式攪拌器將湯汁攪拌到澈底勻稱滑順（或是讓湯汁稍微冷卻，然後小心翼翼地將湯汁分批移到食物調理機或攪拌器中；調理或攪拌到澈底勻稱滑順）。如果湯汁太濃，就加水，每次加兩大匙，直至達到想要的濃稠度為止。

3. 如有需要，上桌時可為每份湯品撒上切碎的培根或義大利火腿片。

涼薯魚墨西哥夾餅

準備時間：30分鐘

烹調時間：每1.2公分厚度需要4至6分鐘

供4人食用（每人4份夾餅）

魚的製作食材：

450公克鱈魚片

¼杯酪梨油

3大匙切碎的紅蔥或紅洋蔥

1瓣蒜頭，剁碎

1茶匙萊姆皮

2大匙新鮮萊姆汁

2大匙新鮮柳橙汁

1茶匙乾牛至

¼ 茶匙海鹽
⅛ 茶匙現磨黑胡椒

墨西哥夾餅製作食材：
1 顆大涼薯，去皮
蘿蔓萵苣，切絲
上層配料：切丁芒果、切丁黃瓜、切丁酪梨、切片蘿蔔、切碎的紅洋蔥和／或切碎的新鮮芫荽葉
楔形萊姆片

作法：
1. 製作魚時，將燒烤架預熱至中高溫。量測魚片的厚度。將魚放入可重新密封的大塑料袋中。將酪梨油、紅蔥、蒜末、萊姆皮和萊姆汁、柳橙汁、牛至、鹽、胡椒置入小碗中混合。將這樣的醃泡汁倒在魚上；闔上袋子密封。翻動袋子，讓魚均勻地塗上醃泡汁。室溫下醃製十五分鐘。
2. 同時製作墨西哥夾餅，將涼薯橫向切成兩半。將邊緣修整成圓形，修整到直徑大約十公分，或是修整到涼薯契合蔬果刨為止。將蔬果刨設定在最薄的位置，或是採用可切出最薄切片的刀片，將涼薯切成十六個圓形大切片。如果沒有蔬果刨，可用刀子切成極薄的薄片——這些薄片應該要薄到可以彎曲且可以包裹餡料。蓋上蓋子，將這些涼薯片暫且擱置一旁。剩餘的涼薯蓋上蓋子，冷藏起來；預留作其他用途。
3. 從醃泡汁中取出魚。烤魚，不加蓋，直接加熱，每1.2公分厚的魚片加熱四到六分鐘，或是烤到魚肉容易剝落，烤到一半時翻面。把魚移到大淺盤裡，剝成幾大塊。
4. 組合墨西哥夾餅時，在每個涼薯片上擺上萵苣、魚、想吃的上層配料。食用時搭配楔形萊姆片。

香煎比目魚佐涼拌大頭菜胡蘿蔔蘋果絲

開始製作到完成：30分鐘

供4人食用

涼拌菜絲製作食材：

3大匙特級初榨橄欖油

1大匙新鮮檸檬汁

2茶匙剁碎的紅蔥

2茶匙新鮮百里香葉

⅛茶匙猶太鹽

⅛茶匙現磨黑胡椒

1顆中型大頭菜，去皮，修剪好，切成火柴棒大小（2杯）

1杯預先切好的胡蘿蔔絲

1顆蘋果，去核，切成火柴棒大小

比目魚製作食材：

1大匙普羅旺斯香料（herbes de Provence）

1茶匙洋蔥粉

1茶匙猶太鹽

½茶匙現磨黑胡椒粉

2大匙橄欖油，如有需要，再外加

4片（0.2公升）去皮比目魚片

作法：

1. 製作涼拌菜絲時，將特級初榨橄欖油、檸檬汁、紅蔥、百里香、鹽、胡椒置於大碗中一起攪打。加入大頭菜、胡蘿蔔、蘋果；拌勻。

2. 製作比目魚時，將普羅旺斯香料、洋蔥粉、鹽、胡椒置於小碗中混合。

3. 用中大火在沉重的大煎鍋內加熱橄欖油。加入比目魚，煎五分鐘。將魚翻面，必要的話，再加油。將調味汁淋在魚上，再加熱五至七分鐘，或是直到魚片中心不透明為止。

5. 比目魚搭配涼拌菜絲一同上桌。

烤豬排佐橄欖葡萄

準備時間：10分鐘
烹調時間：20分鐘
供4人食用

食材：

1杯紅色或紫色無籽葡萄，部分切成兩半

⅓杯小型去核卡拉馬塔橄欖，部分切成兩半

1大匙粗略切碎的紅蔥

4茶匙橄欖油，分次使用

¾茶匙猶太鹽，分次使用

2塊（0.35到0.4公升）帶骨肋排或里脊豬排，切成2.5到3.5公分厚（肋眼或上等腰肉豬排）

½茶匙混合型碎胡椒粒

2茶匙切碎的新鮮迷迭香葉

¾茶匙乾百里香葉，壓碎

作法：

1. 烹飪前十五分鐘，先將豬排從冰箱取出。將烤箱預熱至約180°C。

2. 將葡萄、橄欖、紅蔥置於小碗中混合。淋上兩茶匙橄欖油，撒上¼茶匙鹽。攪拌到葡萄和橄欖均勻地裹上油、鹽。

3. 用紙巾輕拍，吸掉豬排上的水分。將剩餘的兩茶匙橄欖油塗抹在豬排的兩面；用剩餘½茶匙的混和型碎胡椒粒調味豬排的兩面。

4. 用中大火加熱大型鑄鐵煎鍋。等鍋熱了，放入豬排，輕煎兩面。將葡萄橄欖醬汁加在煎鍋中的豬排周圍，然後撒上迷迭香和百里香。將煎鍋移至烤箱裡，烤十五至二十五分鐘，或是烤到溫度計插入每片豬排中心附近的溫度達約60℃。

5. 將豬排和葡萄橄欖醬汁移到上菜的大淺盤裡。用錫箔紙蓋好。靜置三分鐘再上桌。

香辣牛肉餅佐甜酸紫甘藍

準備時間：25分鐘
烹調時間：45分鐘
供4人食用

紫甘藍製作食材：
2大匙橄欖油
1杯切碎的紅洋蔥
6杯切成細絲的紫甘藍
2顆史密斯奶奶（Granny Smith）蘋果，去皮，去核，切丁
¾杯蘋果汁
3大匙蘋果醋
⅛茶匙丁香粉
¼茶匙薑粉

⅛茶匙肉桂粉

½茶匙現磨黑胡椒

½茶匙猶太鹽

牛肉餅製作食材：

450公克有機草飼碎牛肉

¼杯碎洋蔥

1茶匙檸檬皮

¾茶匙現磨黑胡椒

½茶匙猶太鹽

½茶匙五香粉

1大匙橄欖油

½杯牛肉為湯底的大骨湯或購買的合規牛骨湯

作法：

1. 製作紫甘藍時，用中小火在大鍋中加熱橄欖油。加入洋蔥，加熱六至八分鐘，或是直到洋蔥軟嫩且變成淺棕色。加入紫甘藍，加熱六至八分鐘，或是直到紫甘藍脆嫩。加入蘋果、蘋果汁、醋、丁香粉、薑粉、肉桂粉、胡椒、鹽。煮至湯滾；轉小火。蓋上鍋蓋煮三十分鐘，偶爾攪拌一下。掀開鍋蓋，煮至湯汁稍微減少。

2. 同時製作牛肉堡，將碎牛肉、洋蔥、檸檬皮、胡椒、鹽、五香粉置於大碗中混合。輕輕攪拌到每樣食材均勻混合。將這個牛肉糰做成四塊1.2公分厚的肉餅。

3. 用中大火在大煎鍋中加熱橄欖油。將肉餅煎約八分鐘，或是煎到表面呈棕黃色且熟透，中間翻面一次。將牛肉餅移到盤子上，用錫箔紙鬆鬆地蓋住。將大骨湯加到煎鍋中，攪拌，將煎鍋底部的棕色碎片刮乾淨。煮約四分鐘，或是煮到分量減半。

4.將鍋裡剩下的牛骨湯淋上牛肉餅，食用時搭配紫甘藍。

剔除8點心

脆蔬捲佐手作田園沙拉醬

開始製作到完成：20分鐘
供10人食用

食材：
1包（0.2公升）合規的火雞肉片或烤牛肉片*
1小條黃瓜，去皮，切成10根火柴棒大小
½顆小涼薯，去皮，切成10根火柴棒大小
1根中型胡蘿蔔，去皮，切成10根火柴棒大小
手作田園沙拉醬

作法：
1.將一片火雞肉或牛肉放在乾淨的工作檯上。將一根黃瓜棒、一根涼薯棒、
　一根胡蘿蔔棒放在火雞肉片或牛肉片上。捲起來包住蔬菜。食用時搭配手
　作沙拉醬。剩餘的沙拉醬裝入密閉容器，冰在冰箱裡，可冷藏一週。

---

* 註：若要將這道點心變成純素食，可用比布萵苣葉代替火雞肉片或牛肉片。

手作田園沙拉醬

將1杯無蛋美乃滋、½杯罐裝椰奶*、½茶匙洋蔥粉、¼茶匙蒜粉、¼茶匙現磨黑胡椒、1大匙切碎的新鮮蒔蘿或1茶匙乾蒔蘿、1大匙切碎的韭菜、2茶匙新鮮檸檬汁置入中型碗中混合。攪拌均勻。

一口蒔蘿煙燻鮭魚黃瓜

準備時間：15分鐘
冷藏時間：30分鐘
供8人食用

食材：
¼杯無蛋美乃滋
2茶匙切碎的新鮮蒔蘿，外加些許，供裝飾用
¼茶匙檸檬皮
¼茶匙新鮮檸檬汁
⅛匙蒜粉
⅛茶匙現磨白胡椒
0.2公升切碎的合規熱燻鮭魚[†]
1小條英式黃瓜或8小片比利時苦苣（endive）葉

---

* 註：將椰奶從罐中分離出來；在量測需要的椰奶量之前，一定要先將椰奶完全倒入小碗中並澈底攪打。

† 註：看一下煙燻鮭魚上的標籤。有些品項含糖和其他討厭的成分。多數大型全食（Whole Foods）超市都可以買到只含鮭魚、鹽、木頭煙燻味的熱燻鮭魚。

作法：

1. 將美乃滋、蒔蘿、檸檬皮和檸檬汁、蒜粉、白胡椒置入小碗中混合。加入鮭魚攪拌，混合到十分均勻。蓋上蓋子並冷藏三十至六十分鐘，以此入味。

2. 同時，以某個角度切下八根板條型黃瓜（剩餘的黃瓜包好，冷藏起來）。

3. 食用時，將浸過醬汁的鮭魚餡舀到黃瓜條或苦苣葉上。用新鮮的蒔蘿裝飾。

無花果佐酸豆橄欖醬

開始製作到完成：10分鐘

供6至8人食用

食材：

⅓杯切碎的無花果乾

½杯去核的卡拉馬塔橄欖

⅓杯去核綠橄欖

1至2大匙特級初榨橄欖油

2茶匙合規義大利香醋

½茶匙剁碎的新鮮迷迭香

¼茶匙剁碎的新鮮百里香

1小瓣蒜頭，切碎

義大利火腿片

作法：

1. 將無花果放入食物調理機。蓋上蓋子，攪碎。加入卡拉馬塔橄欖和綠橄欖、一大匙橄欖油、醋、迷迭香、百里香、蒜頭。蓋好，調理到橄欖被切碎。如有必要，將剩餘的一大匙橄欖油加進去，調理出期望的濃稠度。

2.食用時搭配義大利火腿片[*]。

油炸檸檬百里香歐防風條

準備時間：5分鐘

浸泡時間：10分鐘

烘焙時間：30分鐘

供4人食用

食材：

450公克小型至中型的歐防風，去皮

2大匙橄欖油或酪梨油

½茶匙猶太鹽

¼茶匙現磨黑胡椒

1大匙新鮮百里香葉

1茶匙檸檬皮

手作田園沙拉醬

作法：

1.烤箱預熱至約230℃。大烤盤鋪上烘焙紙。

2.歐防風切成8×0.3公分的細條（火柴棒），放入大碗的冰水中；浸泡十分
鐘。瀝乾，用紙巾輕輕拍乾。將歐防風放入大碗裡，淋上油；攪拌均勻。
撒上鹽和胡椒；拌勻。將歐防風單層均勻地排在準備好的烤盤上。烘烤三
十分鐘，或是烤到歐防風軟嫩且開始變成棕黃色，偶爾攪拌一下。

＊ 註：如果要用義大利火腿片搭配這款酸豆橄欖醬（tapenade），那就烘烤火腿片，然後不要調
味。若要將這道菜變成純素食，可用蔬菜或大蕉片代替火腿片。

3. 撒上新鮮的百里香葉和檸檬皮。食用時搭配田園沙拉醬作沾醬。

義大利火腿片三吃

準備時間：5分鐘

烘焙時間：10分鐘

供4人食用

食材：

1包（0.08至0.1公升）切得很薄的義大利「帕瑪火腿」（prosciutto di Parma）

精選調味料（見下述選項）

作法：

1. 將烤架放在烤箱中央。烤箱預熱至約180°C。
2. 烘焙紙鋪在大烤盤上。將火腿單層放在準備好的烤盤上。烘烤十至十五分鐘，或是烤到火腿開始變脆；仔細觀察以防烤焦。火腿片冷卻時會變得更脆。
3. 將火腿片移到底下鋪了錫箔紙、烘焙紙或紙巾的網架上。在火腿片上撒上精選的調味料。

   調味料1：蒜粉加現磨黑胡椒

   調味料2：新鮮百里香葉加檸檬皮

   調味料3：普羅旺斯香料

---

† 註：火腿片也可以切碎，加在湯品或沙拉上。

快製泡菜

準備時間：25分鐘

冷藏時間：24小時

供16人食用（每人¼杯）

食材：

足量蔬菜，可裝滿兩只（0.5公升）有蓋廣口罐，例如，切成薄片的甜菜根、胡蘿蔔、黃瓜、紅洋蔥、白蘿蔔、去核且細切成薄片的茴香頭

10顆黑胡椒粒

2瓣蒜頭，去皮，壓碎

2片（0.3公分厚）去皮新鮮生薑

1杯蘋果醋

1杯100%蘋果汁

1½茶匙猶太鹽

作法：

1. 將想吃的蔬菜一層層放在兩只0.5公升的玻璃罐中。將準備好的胡椒粒、蒜頭、生薑分成兩份，分別投入兩只罐子。

2. 將醋、蘋果汁、鹽置入小型平底深鍋中混合。煮滾。離開火源，然後將煮好的醋汁醬倒入蔬菜罐中。冷卻一小時。蓋上罐子的蓋子，冷藏至少一天，或是長達三週。

義大利肉丸小點心

準備時間：20分鐘

烹調時間：25分鐘

供16人食用（每人2球）

食材：

340公克有機草飼碎牛肉

225公克有機豬絞肉

2大匙營養酵母

3大匙牛肉為湯底的大骨湯或購買的合規大骨湯

2大匙椰子粉

2瓣蒜頭，剁碎

1茶匙猶太鹽

1½茶匙義大利調味料

1大匙剁碎的新鮮香芹

現磨黑胡椒

作法：

1. 烤箱預熱至約180℃。將牛肉、豬肉、營養酵母、大骨湯、椰子粉、蒜末、鹽、義大利調味料、香芹、胡椒置於大碗中混合調味。用雙手輕輕攪和，攪和到所有食材均勻混合。
2. 製作成三十二顆直徑2.5公分的肉丸，放在襯有錫箔紙的有邊框烤盤上。
3. 烘烤二十五分鐘，或是烘烤到外觀呈棕黃色且熟透。

藥膳與湯品

　　這些藥膳最適合上午的休息時段（這些慢慢啜飲的飲品為你執行那麼多美好的工作，誰還需要咖啡啊？），或者，凡是你需要藥膳治療力的時候。這裡列出的藥膳多過用餐計畫中列出的，因為我想要盡可能給予你許多有療效的選項。我希望你會嘗試全部的藥膳，不然至少好好嘗試可以解決你的特定問題的全部藥膳。

　　這些藥膳適合核心4也適合剔除8路線。此外，茶和薑黃奶也非常適合在睡前享用，適合放鬆和平靜的睡眠。請注意，這些食譜中的許多食材可能聽起來不尋常，可能很難在一般的雜貨店找到。許多這類食材也被納入了第三章的工具箱之中。你可以在存貨充足的健康食品店找到大部分這些食材，而信譽卓著的線上健康食品和補品公司應該也都買得到。

　　註：如果沒有果汁機，也可以在高速攪拌機中製作下述任何一種果汁，只要加入足量的過濾水，稀釋完全——水量可能不同，因此，一次只加入大約¼杯水，混合，直到得到你想要的果汁為止。

　　這些藥膳全都只需要花幾分鐘時間製作，而且所有食譜均是一人份，不過可以將分量加倍，變成二人份。

熱帶香料蔬果汁

　　這款美味飲料用鳳梨作為基本食材，有滿滿的養分，非常適合有炎症問題的人。鳳梨富含鳳梨蛋白酶，那是一種化合物，以其天然酶的功效而聞名，鳳梨蛋白酶可以幫助消化，緩解關節疼痛、過敏、哮喘。鳳梨蛋白酶在減輕疼痛和炎症方面表現出色，而薑黃由於薑黃素含量豐富，因此也是眾所周知的抗炎藥。這款果汁中的肉桂劑量有助於增加「香料」味，同時調節血糖水平，降低食慾——非常適合尋求減重榨汁配方的人們。

食材：

15條新鮮的薑黃根（每條約8公分——可以在存貨充足的雜貨店或健康食品店裡找到）

1大匙肉桂

2條黃瓜

1顆鳳梨

作法：

將所有食材用榨汁機榨過，或是加些水用攪拌機攪碎。

綠蔬女王汁

　　這款綠蔬果汁甜蜜又營養，而且有益健康，非常適合有發炎症狀的人們。羽衣甘藍是硫胺素、蛋白質、葉酸、核黃素、鎂、鐵、磷的重要來源，也是維生素A、K、C、B_6的重要來源。所有這些維生素產生絕佳的抗炎作用。同時，生薑是緩解疼痛的可口配方，而檸檬富含維生素C，在對抗不必要的炎症成因時，效力尤其強大。

食材：

1束羽衣甘藍

2顆奇異果

1片楔形檸檬

1片生薑

作法：

將所有食材用榨汁機榨過，或是加些水用攪拌機攪碎。如果用的是攪拌機，
請先將奇異果去皮。

藍莓爆漿汁

這款綠蔬藍莓混合汁可能是鍛鍊前飲用的絕佳飲品，因為它可以幫助降低炎
症，使你能量大增。談到抗氧化劑，藍莓或許是威力最強大的莓果。它們的花青
素含量豐富，有助於降低炎症，且提供一系列額外的健康益處。

食材：
2顆柳橙，去皮，去籽
2杯菠菜葉
2杯藍莓

作法：

將所有食材用榨汁機榨過，或是加些水用攪拌機攪碎。

回春西芹汁

這個食譜聽起來簡單，但功效強大。西洋芹內含許多的礦物質和營養素，
對腸道大有幫助。我已經見識到這個簡單的方法在持續飲用的幾千名患者身上
造就了奇蹟。隨著時間的流逝，這款果汁可以幫助恢復胃中的天然酸（HCL，鹽
酸），促進健康的消化力與微生物群系平衡。建議早上空腹飲用多達0.5公升的新
鮮西洋芹汁。這款果汁的效力是緩步增強的，具有相當的淨化功能，如果喝了以
後效果太快，恐怕要花許多時間待在浴室裡。

食材：

1至2束有機西洋芹

作法：

將西洋芹用榨汁機榨過，或是加些水用攪拌機攪碎。

舒緩腸道的生薑滑榆茶

薑和滑榆兩者，既抗炎，又對腸壁有療效。

食材：

1茶匙新鮮生薑根

2杯純淨的水

1茶匙滑榆粉

作法：

將新鮮的生薑根磨碎，置入茶壺中。倒兩杯水進去，然後煮沸。過濾。加入滑榆粉，攪拌使其溶解。

清爽型腎上腺平衡冰茶

這些「適應原」（adaptogen）*植物藥品有助於安撫炎症，尤其善於平衡腦－腎上腺（HPA，下視丘－腦下垂體－腎上腺）軸。

---

* 譯註：1947年由俄羅斯科學家提出的名詞，指的是能讓身體取得平衡與修復，減輕心理與生理壓力的食品或草藥。

食材：

1 茶匙印度人蔘（ashwagandha）粉

1 茶匙肉桂

1 茶匙聖羅勒粉

1 茶匙紅景天粉

作法：

將一至二杯熱水倒在這些草本上。浸泡十五分鐘。將茶倒在冰塊上。

威爾・柯爾醫師的腸道療癒冰沙

這款冰沙可以治療你的腸道。我幾乎每天喝一杯這樣的冰沙。

食材：

1 杯全脂椰奶

2 大匙海洋或草飼膠原蛋白粉

1 大匙特級初榨椰子油

½ 茶匙益生菌粉

1 茶匙「天然甘草萃取」（DGL）

1 茶匙肌肽鋅（zinc carnosine）

1 大匙麩醯胺酸（L-glutamine）粉

2 杯切碎的羽衣甘藍

½ 杯冷凍有機莓果

作法：

將這些食材置入攪拌機中混合，攪拌到勻稱滑順。

適應原腎上腺平衡冰沙

食材：

4顆巴西堅果（奉行剔除8者可省略）

1杯全脂椰奶

1杯冷凍有機莓果

1杯菠菜

1茶匙印度人蔘粉

1大匙椰子油或MCT油（中鏈三酸甘油酯）

1大匙瑪卡（maca）粉

1茶匙紅景天粉

1勺膠原蛋白肽（collagen peptides）

作法：

將上述所有食材置入攪拌機中混合，攪拌到勻稱滑順。

提振甲狀腺冰沙

這款冰沙目標對準你的甲狀腺，以此改善功能、減少炎症。如果你正在使用激素工具箱，這是絕佳的補充劑。

食材：

1杯全脂椰奶

1勺膠原蛋白

1大匙特級初榨椰子油

1杯綜合蔬菜

2顆巴西堅果（奉行剔除8者可省略）

1顆酪梨

1根西洋芹菜莖

2大匙紫紅藻片

1大匙瑪卡粉

1杯有機冷凍莓果

作法：

將所有食材置入攪拌機中混合，攪拌至勻稱滑順。

提振T細胞冰沙

調節性T細胞是你體內平衡炎症的動力。用這款超級食物冰沙維持T細胞。

食材：

1杯全脂椰奶

3把綠色蔬菜

1把冷凍莓果

1茶匙黃芪

1茶匙黑孜然籽油

1茶匙鉤藤（cat's claw，又名「貓爪藤」）

1茶匙生可可粉

1茶匙薑黃素

作法：

將所有食材置入攪拌機中混合，攪拌直到勻稱滑順。

提升性激素藥膳

用這款富含好脂肪和藥草的藥膳好好提升你的激素。

食材：

1 杯全脂椰奶

1 茶匙可可粉

1 茶匙刺毛黧豆（Mucuna pruriens）粉

1 茶匙喜來芝（shilajit）粉

½ 茶匙肉桂

作法：

將所有食材置入攪拌機中混合，攪拌均勻。倒入平底深鍋中，用中火加熱三至五分鐘，加熱到暖。

美美藍綠美人魚拿鐵

藍綠藻和螺旋藻不僅減輕炎症，而且保護你的細胞，內含一系列獨特的抗氧化劑，有助於使肌膚和身體看起來更年輕。

食材：

1 杯全脂椰奶

1 茶匙藍綠藻粉或螺旋藻

½ 茶匙肉桂

½ 茶匙有機香草精

作法：
將所有食材置入平底深鍋中，加熱到溫暖且食材溶解。倒入馬克杯中，額外撒上肉桂，好好享用。

肌膚明亮薰衣草補品

在適應原的王國中，珍珠是美麗之王，它是氨基酸的強力來源，可以強化頭髮和指甲，滋養肌膚。此外，薰衣草有助於由內而外鎮定肌膚。

食材：
1½ 杯水
1 茶匙檸檬汁
1 茶匙珍珠粉
2 至 3 滴薰衣草精油（一定要找到可食用的品牌）

作法：
在水中加入檸檬汁、珍珠粉、薰衣草精油，攪拌至混合均勻。

抗炎薑黃奶（黃金奶）

薑黃非常適合撲滅炎症的火焰。與椰子之類的油脂和黑胡椒之類的香料混合在一起時，薑黃的好處會被放大且達成更高的生物利用率。生薑是另一種絕佳的抗炎和腸道修復工具。這款飲料非常適合上午十點左右飲用，但我也推薦它作為晚間飲料，尤其是如果你習慣在晚上吃點心。

食材：

1杯椰奶

1茶匙薑黃

½茶匙肉桂

¼茶匙薑粉

少量現磨黑胡椒

作法：

將所有食材置入攪拌機中混合，攪拌均勻。倒入平底深鍋中，中火加熱三至五分鐘，加熱到暖。

大骨湯

大骨湯是腸道超級療癒配方，內含許多構成腸壁細胞的建構要素。大骨湯是明膠以及葡萄糖胺、甘胺酸和礦物質的天然混合品，可以幫助鎮定起反應的發炎系統。大骨湯可以作為腸漏症、腹瀉、便祕、食物敏感性的治療工具。如果你在跟組織胺不耐症奮戰，建議大骨湯的骨頭烹煮時間要短些——接近八小時，而不是四十八小時。壓力鍋會為你更迅速地做好這事，積累最少的組織胺。我時常製作這樣的大骨湯，而且總是保留一些在冷凍庫裡，方便作湯。

通常作湯時需要大約4公升大骨湯，視添加的水量多寡而定。

食材：

1隻有機全雞或雞肉／雞骨

1整隻有機的小火雞、火雞胸肉、或火雞肉／火雞骨

1至2公升草飼牛骨

450公克魚骨、蝦殼或其他甲殼類（淡菜、蛤蜊、蟹等等）

6瓣蒜頭

1顆洋蔥

2根大型胡蘿蔔，洗淨，切碎

3至4根有機西洋芹菜莖，切碎

2.5公分生薑根，去皮，切成硬幣般薄片

¼ 杯蘋果醋

1茶匙薑黃粉或一塊8公分的薑黃根

1大匙切碎的新鮮香芹

1茶匙喜馬拉雅鹽

作法：

1. 沖洗骨頭，然後將骨頭放入大湯鍋或荷蘭烤鍋、慢燉鍋或壓力鍋中。鍋中加水至四分之三鍋滿（或是加到最大的水位線），然後加入草本和蔬菜。根據你的烹飪方法，按照下述說明操作：

2. 若用爐灶，以中大火煮至沸騰，然後轉小火，蓋上鍋蓋煨燉至少八小時，視需要加水，保持大部分骨頭都被水覆蓋住。
   若用慢燉鍋，轉成小火，蓋上鍋蓋，烹煮至少八小時，但不超過十小時。
   若用壓力鍋，請遵照製造商的高湯和濃湯製作說明。

3. 烹調後，讓大骨湯冷卻，然後透過細孔濾網，將湯倒入大碗中，捨棄固體食材。移到梅森玻璃罐中，貯存在冰箱裡，或是移到可冷凍保存的容器中，方便長期貯藏。

南薑湯

不要把南薑與生薑混為一談，由於兩者屬於同一個根莖植物家族，因此南薑外觀與生薑非常相似。但是，儘管兩者看起來相同，但卻各有自己的獨特味道和質地。南薑與普通薑不同，由於南薑的外皮較硬，因此只能切成薄片，不能磨碎。此外，南薑的味道比吃起來辛辣的生薑嗆許多——南薑額外帶著鮮明的柑橘、松子味，大大刺激味蕾。南薑也被稱為泰國生薑，因為它在泰國、馬來西亞、印尼美食中頗受歡迎，而且已被阿育吠陀醫學和其他亞洲文化的療法採用了好幾個世紀。南薑根欠缺膠原蛋白和只有在大骨湯中才找得到的其他營養素，但它靠著其他強效化合物的運作，透過不同的方法療癒腸道，彌補這個缺失。毫無疑問的，南薑湯是我改善腸道健康的頂尖方法之一。新鮮的南薑可以在「全食」（Whole Foods）之類的健康食品超市找到，網路上也有店家出售。如果找不到新鮮的南薑，也可以購買磨碎的乾南薑。一般而言，每一大匙新鮮南薑的用量約等於四分之一茶匙的磨碎乾南薑。

食材：
製作3公升南薑湯
12杯蔬菜湯
1塊2.5公分南薑，切成圓片
3根檸檬草
3根青蔥，切片
3根西洋芹菜莖，包括綠葉
4片泰國萊姆（kaffir lime）葉
½茶匙海鹽
1茶匙現磨黑胡椒
3至4根芫荽枝，裝飾用

作法：
1.用中火至大火在大湯鍋中加熱蔬菜湯，煮到滾。
2.加入南薑、檸檬草、青蔥、西洋芹、泰國萊姆葉。

3. 滾十分鐘。

4. 離火，靜置二十分鐘，讓湯吸收營養和味道。

5. 過濾南薑湯，捨棄固體食材，用鹽和胡椒調味。

6. 用新鮮芫荽裝飾，趁熱食用。

註：等湯冷卻，可以貯存在梅森玻璃罐中冷凍，方便日後使用。

第7章

重新整合你的新舊飲食

　　既然學會了，明白活出沒有你以為自己喜愛的那些東西的生活是什麼模樣，現在是時候了，該要測試你的身體是否也喜愛那些東西——或是，在你開始剔除階段之前的那些偏好是否與你的生物特性不一致。你將要貫徹有系統地重新引進你希望帶回到生活中的食物，但這不僅止是一個測試期，也是自我反省的時間。不要以為你還會想要你過去食用的每一樣食物，甚至是以為，那些食物嚐起來都一樣，或是從你身體引發的回應也跟從前一模一樣。認真想一想那些食物，它們曾是你日常生活或每週生活的一部分。你想念它們嗎？還是覺得沒有它們感覺比較好呢？

　　在剔除階段之後，經驗到偏好的改變是司空見慣的。儘管你可能曾經渴望糖果、薯片或星巴克的焦糖星冰樂，但你可能會注意到，現在那些東西聽起來並不吸引人，甚至可能聽起來毫無魅力。你已經經歷了一次劇烈的味覺淨化和全身深度清潔，所以當你重新引進食物時，很可能會發現，過去食用的東西，也許甚至是不假思索便食用的東西，現在吃起來很奇怪，太甜、太油膩或太過人工。要信任你目前的反應，而不是以前的傾向，因為在剔除階段過後，你的身體處在它的最中心，最有識別力。現在食物的味道就是食物「真正嚐起來的味道」，現在你的身體的炎症已經降低，你的五感比較協調。這是測試你的真實反應的時候。

但不要讓你剛剛建立起來的覺知結束於測試的第一口。要注意，每一項新測試的食物，都會產生貫穿全身的漣漪效應。當你持續咀嚼或吃下更多口食物時，那樣食物嚐起來如何呢？在你吃完後，立即注意到的是什麼感覺呢？十五分鐘之後，你感覺如何呢？一小時後如何？一天後又如何呢？這是我們將在本章探討的內容。

我們將會一個個逐步介紹你已經剔除掉的某些食物──你還認為想要帶回到生活中的食物──在此過程中，你將會評估你的身體的回應。我會引導你確實經歷，明白到底該怎麼做你才會知道，你何時正在對某物起反應，何時沒有起反應。如果你發現，你不會對某些東西起反應，而且想要再度食用那些食物，那麼我會讓你看見，如何用陌生而新鮮的方法將這些重新帶回到你的生活中。

你想要把什麼東西帶回來？

我的大部分患者都至少有幾樣想要嘗試重新整合的食物──但在你評估缺什麼能活、缺什麼活不了的過程中，要好好想想你現在的感覺以及你從前的感受。覺察你對特定食物的感受，好好權衡。也許你可以應付麩質，但你卻祈求糙米和玉米之類的無麩質穀物。也許沒有糖你也覺得很讚，但又很想再次吃到堅果醬、黑豆或炒蛋。也許你想要知道，自己是否真的渴望某種山羊乳酪、新鮮番茄、烤馬鈴薯、扁豆湯或是一把杏仁，在不讓自己生病或再次承受過去症狀復發的情況下，你可以縱容自己的渴望。所有那些食物都可以是營養密度高的超讚選項，可以有益於你的健康……條件是：你的身體也愛它們。

　　或者，如果感覺到從前的症狀緩和了，你可能不希望在這個節骨眼把任何東西帶回來。對某些人而言，八週（甚至四週）似乎綿綿無絕期，沒有咖啡、乳酪、巧克力或是諸如此類的東西，但對其他人來說，八週飛逝而過，當我告訴這些人，開始重新引進的時候到了，他們驚慌地看著我。他們還沒有準備好。

　　如果你覺得自己身體的反應有點慢，或是如果你中途從核心4切換到剔除8且仍在進步中，或是如果你心理上還沒有準備好離開這個療癒和超潔淨飲食的地方，那就再持續一陣子吧。那是完全沒問題的！你不需要活在對食物的恐懼之中，何況你根據這個計畫而食用的食物正在滋養你的身體，帶著你更接近你的健康目標，同時使你更加領悟到什麼對你有效、什麼對你無效。這是一件好事，也是一件我希望你繼續探索的好事，只要你覺得那麼做是對的。不要重新整合任何食物，除非你感覺準備好了，而且確定你希望某樣食物回歸到你的生活中。只要你覺得有需要，就沒有理由不持續執行這個計畫的剔除階段。你可以持續執行十二、十六甚至二十幾週，才重新整合任何東西，只要你感覺太讚了，想要繼續保持下去。事實上，你可以永遠留在剔除階段，只要你願意。這裡營養豐富而完整，正是你的身體長期需要的。如果你真的選擇加長核心4或剔除8計畫的使用期，只要確保把重點放在取得大量不同的蔬菜、健康的脂肪、潔淨的蛋白質。重新引進僅適用於想要帶回某些被剔除食物的人們。至於生活中沒有哪一樣食物，那是你可以選擇的。

　　然而，如同我說過的，想要嘗試帶回你所想念且真正希望日後繼續食用的食物，也是可以的。我希望藉由適當的重新引進，幫助你找到可能達成目標的最佳方法。

如果還有一些揮之不去的症狀

　　偶爾，某人經歷了這個計畫的剔除階段，還是有一些症狀揮之不去。千萬不要因此氣餒。你可能只是需要針對你的計畫做些微調和優化。全人健康是一趟旅程。如果這聽起來跟你很像，那麼你的剔除階段可能需要再持續久一點，不然就是，你可能有一些不太常見且我們尚未精準定位的敏感性。不確定是怎麼回事嗎？請找出那份寫著八個最惱人症狀的清單，那是你在一開始做過測驗（56頁）之後擬定出來的。你還有其中某些症狀嗎？假使情況如此，可能你對下述這些敏感：

　　1. 組織胺（Histamine）
　　2. 水楊酸鹽類（Salicylate）
　　3. 短鏈碳水化合物（FODMAP）
　　4. 草酸鹽類（Oxalate）

　　剔除階段過後，如果你的症狀持續出現且與消化問題、皮膚問題、情緒波動、神經症狀、充血問題或任何炎症的跡象有關，那麼這些症狀可能同時是上述這四個敏感性的徵兆（如果你的症狀完全不是這四項，請查看本節末尾關於取得個人化照護的資訊）。我們來仔細看一下這四項。

組織胺

　　組織胺（和其他胺類）是你的免疫系統產生的化合物，觸發抵抗過敏原的防禦機制（也擔任神經遞質）。當組織胺不適當或過量地釋放時，可能會在對組織胺敏感的人身上引發許多種症狀——從喉嚨癢、鼻塞之類的過敏症狀，到皮膚症狀、消化問題、關節疼痛、神經症狀。如果你在食用過煙燻肉類或是康普茶、葡萄酒或德國酸菜之類的發酵食品之後，注意到任何一種上述症狀，這可能預示：你對組織胺敏感[1]。假使情況如此，在開始重新引進階段之前，要再持續兩週嘗試剔除一切富含組織胺的食物，看看那麼做是否結果不同。如果的確有些不一樣，那就要減少或剔除這些食物，直到你看見身體的變化符合你正在尋覓的健康。這可能意謂著，永久或長期移除這些食物，取決於你的療癒旅程，以及那趟旅程對你的身體來說是什麼模樣。SIBO（小腸細菌過度生長）之類的腸道問題可能是組織胺不耐受（和FODMAP不耐受；見下文）的元兇。對患有組織胺或FODMAP不耐症的某些人來說，處理SIBO是一個方法。

高組織胺食物

以下是組織胺含量最高的食物，這些食物可能導致超負荷：

- 酒精（尤其是啤酒和葡萄酒）
- 大骨湯
- 罐頭食品
- 乳酪，尤其是陳年乳酪
- 巧克力
- 茄子
- 發酵食品（kefir酸奶酒、泡菜、優格、德國酸菜）
- 莢果類（尤其是發酵的大豆、鷹嘴豆、花生）
- 蘑菇
- 堅果，尤其是腰果與核桃
- 加工食品
- 貝類
- 煙燻肉製品（培根、義大利香腸、鮭魚、火腿）

- 菠菜
- 醋

釋放組織胺的食物

這些食物的組織胺含量低，但可以觸發組織胺的釋放，因此給組織胺不耐受的人帶來問題：

- 酪梨
- 香蕉
- 柑橘類水果（檸檬、萊姆、柳橙、葡萄柚）
- 草莓
- 番茄

二胺氧化酶（DAO）酶抑制劑

這些食物抑制控制組織胺的酶，可能導致某些人的組織胺水平升高：

- 酒
- 能量飲品
- 茶（黑茶、綠茶、瑪黛茶）

水楊酸鹽類

水楊酸鹽類是在阿斯匹靈之類的止痛藥，以及美容和皮膚相關產品當中發現的化合物，但談到食品，水楊酸鹽類天然存在於許多植物性食物之中。在某些植物性食物當中，水楊酸鹽類擔任保護該植物的防禦機制。水楊酸鹽不耐受[2]的症狀可能與組織胺不耐受的症狀類似：神經、消化或皮膚起反應。如果你認為你可能有這類不耐受，不妨嘗試剔除這些富含水楊酸鹽類的食物，看看是否有幫助：

- 杏仁
- 杏桃
- 酪梨
- 黑莓
- 櫻桃
- 椰子油
- 椰棗
- 水果乾
- 苦苣
- 醃黃瓜
- 葡萄
- 綠橄欖
- 芭樂

- 蜂蜜
- 茄果類（椒類、茄子、番茄、馬鈴薯）
- 橄欖油
- 柳橙
- 鳳梨
- 李子／梅乾
- 橘柚
- 柑橘
- 荸薺

對短鏈碳水化合物敏感

如果當你吃高果糖水果和某些蔬菜、莢果類、甜味劑、穀物（尤其小麥）時，注意到有胃腸道症狀，那麼你的問題可能是對可發酵的寡醣、雙醣、單醣、多元醇敏感，不然就是對短鏈碳水化合物（FODMAP）敏感。FODMAP是一群碳水化合物，可能在某些人身上引發大腸激躁類型的症狀（例如便祕、腹瀉、胃痙攣、腹脹）[3]。如果這聽起來跟你很像，不妨試著持續兩週剔除FODMAP最強力的來源，看看是否有幫助。假使的確有助益，不妨考慮降低FODMAP，先減少或剔除大部分下述食物，然後一次一項，慢慢重新引進（運用本章的重新引進技術）。你可能耐受某些FODMAP，但不耐受其他，因此最好一次測試一項FODMAP（或是分成小群組，因為這份清單很長），看看你的症狀是否有所改善：

- 朝鮮薊
- 蘆筍
- 香蕉
- 甜菜根
- 高麗菜
- 腰果
- 角豆粉
- 花椰菜
- 椰子水
- 乳製品，所有類型的牛奶：乳酪、奶、鮮奶油、冰淇淋、酸奶油、優格
- 任何類型的果汁
- 蒜
- 麩質——含小麥、大麥、黑麥、或斯佩爾特小麥的所有產品
- 綠豆
- 高果糖水果（莓果、萊姆、檸檬、甜瓜除外）
- 蜂蜜
- 莢果類
- 蘑菇
- 洋蔥，所有類型（包括紅蔥和青蔥）
- 豌豆
- 德國酸菜
- 大豆

■ 糖醇（常用於無糖甜品，這些包括菊糖、異麥芽酮糖醇、麥芽糖醇、甘露醇、山梨糖醇、木糖醇）

草酸鹽類

草酸鹽是植物性化合物，可以與礦物質結合形成草酸鈣和草酸鐵。這可能發生在消化道、腎臟或泌尿道。對草酸鹽敏感的人來說，可能迫使這些區域發炎[4]。

草酸鹽含量較高的食物包括：

■ 甜菜根

■ 可可豆

■ 羽衣甘藍

■ 花生

■ 菠菜

■ 番薯

■ 瑞士牛皮菜

蔬菜經過烹飪可以降低草酸鹽含量。

何時該諮詢功能醫學執業人員？

假使這些剔除嘗試都沒有解決你的問題，你還在苦苦掙扎，如果你沒有看見想要見到的改變程度，或是如果你有嚴重的健康問題，那麼可能就需要更多個人化的介人，多過我在這本書中所能提供的。我建議諮詢某位合格的功能醫學執業人員，對方可以與你一起坐下來，評估你的症狀，詢問你問題，親自與你合作，找到問題的根源。我們經由網路攝影機諮詢（www.

drwillcole.com），為世界各地的人們提供諮詢，或者，若想找個在你家附近執業的功能醫學醫師，可造訪 functionalmedicine.org

建立你的「重新整合」計畫

測驗時間到了！你用功了嗎？開玩笑的啦──過去四或八週，你一直在為這個測驗「用功」，現在時候到了，該要找出應得的分數。你已經剔除了四或八項食品，現在要按照非常具體的順序，一次一項，測試這些食品──從最不可能發炎和製造問題的，到最可能造成發炎的──監控你對每一種食物的反應。

每項測驗需要三天時間。記住，現在絕不要匆忙趕時間。你正在實驗，而這是保持實驗精準的最佳方法。食物需要以一次一項的方式回來。如果你開始同時吃下想吃的每一樣食物──例如義式香腸披薩──事後生出了可怕的胃痛或頭痛或關節疼痛，你不會知道疼痛是來自餅皮裡的穀物或蛋、乳酪還是番茄醬。你必須一次一項，隔離這些炎症觸發食品，然後也許你會發現，你「可以」吃披薩，只要餅皮是無麩質的，或是乳酪是非乳製品，或是吃白醬，不吃紅醬。這個過程並不是刻意要令人沮喪地緩慢，而是精確地鏡映出你身體的反應。在此期間，要對你的身體和你自己有耐心，然後你將會獲得所有辛勤努力的回報。在完成測驗的過程中，要繼續遵循你的路線的所有其他面向。請記住，你一次只能帶回「一項」之前剔除掉的食物。

因為反應可能需要幾天才會顯現，所以這是必要的時間表，讓你取得最精確的資訊。你可能不會立即對某樣食物起反應，但可能會在隔天早上出現可怕的胃食道逆流，或是在第二天出現頭痛欲裂，或是在接下來幾天出現一連串的其他反應。不過還好，由於之前幾週的勤奮，你已經有備無患，可以處理這些問題，因此，要保持內省，好好觀察。你即將致力於與你的身體展開漫長、輕鬆、廣泛的交談，商討彼此的未來。「喂，身體。我在想扁豆湯。我們來嘗試一些扁豆，看看我們有多喜歡扁豆，何況我們可以商量。然後也許我們可以討論一下山羊乳酪。」每一次重新引進食物，你都會仔細追蹤任何反應。每一個人對食物的反應都不一樣，因此這是最好的方式，讓你在引進每一項食物之後，看見並了解你的身體有何感覺。

怎麼知道自己是不是在起反應？

當你的炎症嚴重且症狀頻仍時，可能很難評估你何時或是否對任何特定的食物或影響起反應。現在會比較容易些。你的系統歸於中心，清潔而平靜，比起剔除階段開始之前，你現在對特定食物的反應可能會比以前劇烈。當你真正起反應時，要好好深思，那是來自你的身體的抗議——訊息顯示，身體不喜歡那樣食物。既然你正在聆聽，那就將那份身體的智慧銘記於心。有許多美味的食物，如果你的身體對其中某些反應很糟，如果你將那些食物拋諸腦後，你將會更快樂、更健康。

反應可能以許多形式出現。當你開始測試食物時，下述任何症狀都被視為一種反應，而你應該把它們記錄下來，即使你並不是百分之百確定它們來自你吃下的食物：

- 過去四週或八週期間消失的舊有症狀加重或復發
- 頭痛或偏頭痛。
- 任何消化道症狀（腹脹、反胃、便祕、腹瀉、心口灼熱、腹痛）。
- 任何皮膚問題（搔癢、起疹子、蕁麻疹、痤瘡狂冒、肌膚突然呈現乾燥片狀的肌膚）
- 眼睛或嘴巴發癢、刺痛或灼熱，尤其是在吃完某樣食物之後。
- 突然鼻塞、發癢或流鼻水，尤其是在吃完某樣食物之後。

- 心跳速率加快：心臟狂跳、心悸、心臟漏跳。
- 關節疼痛、關節僵硬，尤其同時發生在身體兩側或全身。
- 全身肌肉酸痛或僵硬。
- 感覺在發熱。
- 腦霧症狀，例如難以全神貫注、聚焦，或是記不得事情，尤其如果這個症狀在過去八週內已經減輕，現在又突然出現或明顯變得更糟。
- 突然間疲憊不堪。
- 突如其來的情緒變化——抑鬱、焦慮、恐慌、神經緊張、厄運感。
- 水分滯留體內——四肢和臉部看起來比較厚實，戒指戴不下，衣服在皮膚上留下印痕。
- 體重突然增加一或二公斤。
- 睡眠中斷，或是無法入眠或保持熟睡。

記住，你的身體應該擁有最終的決定權，如果你真的對測試的任何食物起反應，我希望你會願意可能永遠捨棄那樣食物，或者至少再捨棄八週，屆時你可以再測試一次。你可能只是需要更多時間才能治癒。

假使你測試某樣食物，感覺很讚，沒有任何症狀，就不要害怕重新整合那樣食物。你的身體已經告訴你，吃那樣食物是沒有問題的。

現在是時候了，該要做出一些決定。想一想，你希望生活中再度擁有什麼，以及可以沒有什麼。在你希望測試能否重新整合的每一個項目前方打一個勾號，保持敞開的心扉，你檢查的任何食物都有可能起反應，你的重新整合測試可能不會如你所願地全數通過。只檢查一項是可以的，全部檢查也行。

核心4

□ **穀物**。許多人起反應，但並不是每一個人。你想要試著將穀物帶回來嗎？如此，才能享用麵包、墨西哥玉米薄餅、貝果、薄脆餅乾，以及所有那些舊式的標準。如果是這樣，你可以先引進無麩質穀物（例如大米、玉米、藜麥），最後才帶回含麩質穀物，尤其是小麥。在這麼做的過程中，要仔細聆聽你的身體。不要因為你認為自己真的需要麵包，就不考慮症狀復發。

□ **乳製品**。如果你不滿意植物性食品，希望能夠再次把鮮奶油加進咖啡中，或是享用真正的乳酪或冰淇淋，那就勾選乳製品這一項。你將從測試奶油和鮮奶油開始，從那裡逐步完成。你可能還會發現，你居然受得了山羊或綿羊奶製成的乳製品，但受不了牛奶，或是你只能耐受含有A2酪蛋白的乳製品（更多關於這方面的資訊，請見93頁）。

□ **添加的甜味劑**。建議避開這些，除非是特殊場合，而且你可能需要一直避開這些。如果你希望嘗試將甜味劑帶回來，要先測試天然甜味劑，例如純楓糖漿、生蜂蜜、椰子或椰棗糖。這些可能適合你，而白糖可能不適合。如果你吃這些無妨，才可以選擇測試白糖，但即使你沒有對白糖起反應，也請限制你的白糖消耗量。假以時日，無論你是誰，過多的精製糖幾乎保證可以再次增加你的炎症。我不建議將任何含高果糖玉米糖漿或任何人造甜味劑的食物帶回來——甚至不用費心測試這些。不妨考慮將它們列入永久禁食清單。他們對誰都沒有好處。

□ **炎症性油品**。就跟糖一樣，建議少用這些油品，即使你不會對它們起反應。如果不想要擔心你偶爾會在餐廳用餐或包裝食品中吃到一些工業種子油，那就來看看你對芥花籽油、玉米油、大豆油、蔬菜油等產品有何反應。少量使用對你來說可能是無妨的。

剔除8族群

如果你執行的是剔除8路線,那就可以嘗試重新整合之前在核心4清單上提到的四種食物的任何一種,以及下述四種食物的任何一種。許多這些食物都是相當有益健康的,如果你不起反應,就可以經常食用。如果你起了反應,那就把這些食物視為可能有益於某些人的健康,但對你個人而言就是無效。

☐ 堅果和種子。堅果和種子既是美味的休閒食品,也可以添加到從主菜到甜品等許多餐點裡,它們內含有價值的營養,但有些人可能會發現堅果和種子難以消化。如果你想要嘗試引進堅果和種子,就勾選這一項。你要一次測試一種,從浸泡過的堅果和種子開始,對每一個人來說,這類堅果和種子永遠是比較健康、比較容易消化的選擇。你要先進到生食堅果和種子,然後是烘烤,如果你希望能夠偶爾品嚐一下那些類型的製作法。你可能會發現,有些堅果和種子適合你,有些則否。舉例來說,許多人可以食用杏仁或核桃,沒有問題,但卻對腰果或開心果起反應。你可能還會發現·吃適量無妨,但如果吃太多,就會引發某些症狀。

☐ 蛋白或全蛋。如果勾選這一項,就要先重新引進蛋黃,如果蛋黃沒問題,才可以嘗試全蛋。許多人吃蛋沒問題,但不是每一個人都行,因此,如果你喜愛有蛋作為早餐,可以查明自己的狀態。你可能會發現,吃蛋黃是沒有問題的,可是蛋清卻為你製造更多的炎症課題。鴨蛋的耐受性通常勝過雞蛋。

☐ 茄果類。對於患有大量關節炎和皮膚炎以及消化問題的人而言,茄果類是最有問題的。而對其他人來說,茄果類通常很不錯,而且是抗氧化劑的優質來源。如果你想念莎莎醬或黑胡椒牛排或披薩上的茄子,那就勾選這一項吧。

□ 莢果類。如果你的耐受性好，莢果類可以是蛋白質和纖維的優質來源。有些人不是莢果類的粉絲，但如果你愛，而且偏愛從莢果類取得更多的蛋白質，那就勾選這一項吧。當你重新整合莢果類時，要先嘗試扁豆和綠豆，因為它們的耐受性通常勝過其他莢果類。接下來則嘗試你喜歡的其他莢果類，例如黑豆、斑豆或白豆。最後嘗試大豆，如果你真的希望日後好好享用大豆的話。假使你耐受大豆，可能也能夠耐受毛豆、豆漿、豆腐，但永遠選擇非基因改造，最好是有機產品。無論你的反應如何，我都建議繼續避開加工大豆製品，例如非新鮮製成的「素食熱狗」和「素食漢堡」。

以下是我最想要重新引進的食物（重新引進的食物也可以少於八項）：

1. _____

2. _____

3. _____

4. _____

5. _____

6. _____

7. _____

8. _____

追蹤你的反應

每一項測試都花三天時間，你就可以像這樣引進每一種食物：

- 在重新引進的測試工作表上記錄你要測試的食物。

- 品嚐一口要測試的食物。這食物不宜包含其他東西，也不應該是某道複雜菜餚的一部分。舉例來說，單獨嘗試番茄醬，而不是義大利麵或披薩餅皮上的番茄醬。

- 等候十五分鐘。看看你是否有任何身體上的反應，就像279至280頁所示。如果有反應，請把反應記錄下來。

- 十五分鐘過後，食用¼杯（如果適用的話）或三口那樣食物。

- 再等候 十五分鐘。記錄任何額外的反應或初始反應惡化的狀況。如果你這時感到不適，就停下來。想當然耳地認定你的身體現在不喜歡那樣食物。再次將那樣食物移出你的飲食，持續至少三十天，然後重新測試。

- 如果還是感覺不錯，就再多吃½杯或六口那樣食物，等候兩小時。在那兩小時期間，密切注意你的感受，記錄任何症狀。如果有症狀出現，就停下來。想當然耳地認為你正在對那樣食物起反應。將那樣食物從飲食中取出三十天，然後重新測試——或是永遠剔除，假使你希望如此。你可能需要進一步降低炎症，你的身體才能夠處理那樣食物。

- 如果兩小時後沒有任何症狀，那就吃下一整份那樣食物（你平時會吃的分量），然後等候三天。三天內不要再吃那樣食物。在那三天期間，把任何反應記錄下來。千萬不要測試任何其他食物。你的飲食應該要保持與四週或八週剔除階段期間相同。你正在隔離那一項食物，因此不要引進其他食物來混淆測試，否則會釐不清症狀的原因。

- 如果三天後還是沒有起反應，表示你的測試成功了。可以將那樣食物帶回到你的飲食中。如果在三天期間出現症狀，那樣食物就是可疑的。再次移除那樣食物，持續至少三十天，屆時，如果想再次嘗試，可以重新測試。你的身體正在告訴你，它不喜歡那樣食物，因此最好跟那樣食物道別，把焦點放在使你感覺超讚的其他食物上。

■ 用下一項食物開始下一個測試。

註：這裡列出的分量不適用於奇亞籽、亞麻籽、奶油或香料。採用同樣的過程重新引進這些食物，但從少量開始，逐步增加至你平時在特定一餐中會食用的分量。

請記住，這個過程是明白你的身體對重新整合這項食物如何做出回應。當你第一次品嚐一直想念的食物時，可能很容易神魂顛倒，因此要按照我指定的分量重新引進。

重新整合的順序

你要先測試通常最溫和、最不起反應的食物，多數人最常起反應的食物留到最後測試。如果執行的是剔除8路線，就從第1項開始。核心4族群則從第5項開始。按照這個順序進行是非常重要的。如果你不想重新整合這些食物，請繼續前進到下一項。

1. 堅果和種子（依序從最不可能造成發炎到最可能造成發炎）

 ■ 無糖種子奶，例如火麻奶。

 ■ 種子醬，例如無糖葵花籽醬和中東白芝麻醬。

 ■ 將浸泡過的亞麻籽和／或奇亞籽添加到冰沙中（浸泡後會變成凝膠狀，因此最好將這些種子添加到某樣食物中，否則質地可能沒有吸引力）。

 ■ 將其他種子浸泡至少八小時或過夜，沖洗過，然後在設定為低溫的風乾機或烤箱中烘乾，直到再次酥脆。然後測試。

- 未浸泡過的生種子（雖然理想上，我認為所有種子都應該要浸泡過，以此分解凝集素，提高營養素的生物利用率——但這個測試將會幫助你了解，是否你偶爾可以用這樣的方式處理）。
- 未浸泡過的烘烤種子，例如葵花籽、南瓜籽、芝麻籽。即使你不起反應，也要少吃這些。
- 不含添加劑的無糖堅果奶，例如杏仁奶和榛子奶，這些最容易消化。還不要嘗試腰果奶。
- 滑順（不是顆粒狀）堅果醬。這些也比較容易消化——嘗試杏仁醬和核桃醬。還不要嘗試腰果醬。
- 整顆生堅果。浸泡至少八小時，沖洗，烘乾，置於設定為低溫的風乾機或烤箱裡，烤到再次酥脆，然後測試。
- 未浸泡過的生堅果——雖然理想上，所有堅果，跟種子一樣，都應該要浸泡過。
- 未浸泡過的烤堅果，例如杏仁、核桃、美洲山核桃、榛子、夏威夷豆。就跟烤種子一樣，少吃這些，即使你不起反應。它們是最容易引起發炎的堅果。
- 最後測試開心果和腰果，因為這兩樣往往是所有堅果中最容易造成發炎的。

2. 蛋。測試蛋的時候，一定先測試蛋黃。三天後，你可以測試全蛋。鴨蛋的耐受性往往勝過雞蛋。

3. 茄果類。按照下述順序引進這些（只測試你確定想要重新引進的茄果類）：

- 甜椒（包括任何種類）
- 白色、紫色、紅色或黃色馬鈴薯，去皮

　　■ 白色、紫色、紅色或黃色馬鈴薯，含皮

　　■ 茄子

　　■ 生番茄

　　■ 番茄醬

　　■ 茄果類調味品，例如卡宴辣椒粉、紅甜椒粉（一次引進一樣）

　　■ 辣椒（或是任何的辛辣椒類）

4. 莢果類。一次試一項，以此順序：

　　■ 扁豆和／或綠豆。這些在下鍋或用壓力鍋烹煮之前，應該要浸泡至少八
　　　小時，沖洗乾淨，以此分解凝集素。為方便消費者，某些罐裝品牌的扁
　　　豆或綠豆是用壓力鍋烹煮的。

　　■ 任何其他豆子（例如黑豆、斑豆、白豆、紅豆等等），要先浸泡至少八
　　　小時，沖洗，然後再下鍋或用壓力鍋烹煮，以此分解凝集素。

　　■ 有機罐裝豆子，先沖洗過，再加熱。

　　■ 有機花生，包括烘烤過的花生和無添加劑的花生醬。瓦倫西亞花生往往
　　　是耐受性最高的。

現在嘗試大豆吧，按照這個順序（請注意，我從不推薦任何類型的非有
機、基因改造大豆食品）。

■ 毛豆

■ 發酵過的有機非基因改造大豆製品：天貝、味增、納豆、溜醬油
　（tamari，不同於含麩質的普通醬油）

■ 非發酵過、最少加工的有機非基因改造大豆製品：新鮮豆腐、新鮮豆漿

■ 有機預製品，含大豆，但不含你目前沒有在食用的其他成分，例如高品質
　的全食蔬菜漢堡（不要食用含大豆分離蛋白的製品）。

咖啡與紅茶

現在，如果你喜歡咖啡和／或紅茶，可以嘗試重新引進。每一個人對咖啡因飲料有不同的耐受度。如果你注意到，喝咖啡或紅茶（尤其是咖啡）會使你感到緊張或焦慮或引起消化症狀，那就減少飲用量。有些人不適合喝咖啡，量少量多都不行，改喝綠茶、白茶或花草茶就無妨。你現在可以為自己測試一下這點，看看你的身體愛什麼。

---

5. **乳製品**。許多人對不同類型的乳製品起不同的反應，因此，如果想要把乳製品帶回來，要按照下述順序重新引進（請注意，我不建議重新引進非有機傳統牛奶）：

- 草飼奶油
- 草飼鮮奶油
- 發酵過的草飼克菲爾酸奶酒和／或優格，來自山羊奶或綿羊奶
- 發酵過的草飼克菲爾酸奶酒和／或優格，由主要生產A2酪蛋白的乳牛奶製成
- 發酵過的草飼克菲爾酸奶酒和／或優格，由主要生產A1酪蛋白的乳牛奶製成
- 山羊或綿羊乳酪
- 山羊或綿羊奶和／或鮮奶油
- 乳牛奶製成的有機生乳酪（例如生的莫札瑞拉起司〔mozzarella〕）
- 乳牛奶製成的有機傳統乳酪（例如切達起司〔cheddar〕、豪達起司〔Gouda〕、莫恩斯特乾酪〔Muenster〕等等）

- 有機傳統牛奶，全脂
- 有機傳統牛奶，低脂

6. **添加的甜味劑。** 雖然天然甜味劑含有微量營養素，且對血糖的破壞性往往比較小，但不管是什麼甜味劑，太多都不是好點子。然而，如果你的生活中確實需要更多一些的甜味，請按照以下順序測試甜味劑：

- 從天然甜味劑開始：甜菊糖、羅漢果，以及木糖醇之類的糖醇、楓糖漿、蜂蜜、椰棗糖、椰子糖、龍舌蘭蜜。測試你認為最有可能使用的那些甜味劑。如果知道你不會使用，就別費心測試了。你的飲食中當然不需要任何添加的甜味劑。要確定分別測試上述每一項，而且要注意，許多人對糖醇產生胃腸道反應，因此，如果想要重新引進添加的甜味劑，要密切注意你對它們的反應。
- 最後測試白蔗糖。
- 我從不建議食用高果糖玉米糖漿或任何人造甜味劑。這些高果糖、高度精製的產品會加重肝臟負擔。

7. **炎症性油品。** 我不建議常吃這些，即使你顯然對它們不起反應。要測試你最可能想要使用的類型，例如芥花籽油或玉米油。如果不打算使用，就別費心測試。你的飲食中當然不需要這些。

8. **穀物。** 從無麩質穀物開始，包括大米、玉米、藜麥，順序如下：

- 白米，煮之前要先浸泡並瀝乾
- 糙米，煮之前要先浸泡並瀝乾
- 新鮮玉米
- 將無麩質燕麥製成燕麥片，不含任何你目前沒有在食用的添加劑

- 烹飪之前，要先將全穀物（例如無麩質的燕麥、藜麥、小米或莧菜）浸泡並瀝乾。
- 準備好的玉米製品，例如玉米薄餅、玉米片（沒用炎症性油品炸過）和玉米粥（不含添加劑）。
- 用無麩質粉製成的烘焙食品（不含任何你目前沒有在食用的添加成分，且不含添加的甜味劑），例如無麩質麵包或糙米粉製成的玉米薄餅。

接下來，嘗試含麩質的穀物和麵粉（小麥、黑麥、大麥、斯佩爾特小麥等等）。一次試一種，因為你可能對某些起反應，但對其他不起反應。以下是測試順序：

- 發酵過的麵包，例如食材最少的全穀物酸麵糰（sourdough）。
- 加工最少的有機全穀物，例如湯品中的大麥、塔布勒沙拉中的小麥片，或是簡單的斯佩爾特小麥或黑麥麵包。
- 精製穀物，例如法式長棍麵包或白色酸麵糰。
- 傳統麵包、椒鹽脆餅和薄脆餅乾之類的休閒食品、貝果、英式鬆餅、烘焙食品（添加的食材不含你目前沒在食用的）。我從不推薦含炎症性油品或氫化脂肪的傳統零食。

重新整合含酒精飲料

大家都知道，飲用含酒精飲料，尤其過量時，對你沒有好處，但對某些人來說，少量（例如偶爾喝一杯葡萄酒）可能有益健康。如果你每天下班後都需要那杯葡萄酒，那麼現在你可能已經戒掉了那個壞習慣，但如果你想要「適度地」將它帶回來，該怎麼辦呢？遵照我重新整合的偶爾小酌流程，找出在短短八天內，這對你是否有效。當你沒有在測試任何其他食物時，請好好享用一杯你渴望的酒精飲料。這杯飲料的分量不宜超過下述：

- 2公升紅葡萄酒或白葡萄酒
- 4公升司啤酒（多數啤酒都含有麩質，因此，如果你知道自己不能吃麩質食品，請不要喝啤酒，除非是無麩質啤酒）
- 0.02公升烈酒（伏特加、蘭姆酒、威士忌、龍舌蘭酒等等）
- 0.05公升利口酒（利口酒可能含糖，因此，如果你知道你不能吃容易造成發炎的甜味劑，請不要飲用甜味劑製成的利口酒，也避開含高果糖玉米糖漿的調酒）

　　如果在飲酒期間注意到任何反應，請立即停止。如果沒有反應發生，就再等七天。如果在這段期間沒起任何反應，請永久地將含酒精飲料重新引進你的飲食中，但務必保持節制。太多的含酒精飲料會造成發炎。

重新引進測試工作表

　　這裡有一份工作表樣本，你可以視需要多次複製，記錄你想要重新引進的食物。

測試食物	
測試	反應
一口	
十五分鐘後：3口或¼杯	
之後十五分鐘：6口或½杯	
兩小時後：整份	
一整份：第一天 接下來三天，不要再吃這項食物——我們正在追蹤你對單一一份食物的反應。	
第二天	
第三天	
重新引進嗎？是／否	
註	

　　真相終將大白！恭喜你成功完成這個計畫的「重新整合」部分。現在，你知道哪些食物對你有用，哪些食物沒有幫助。你知道你的身體愛好什麼食物，你的身體就是不喜歡哪些食物。這是你日後全新生活的基礎——這生活充滿你喜愛、也愛你的美味食物，而且不再有困擾你、害你發炎、使你感覺不健康的食物。下一章，我將會幫助你將這一切資訊整合到你的生活中。因為這就是美好活著的證明——飲食自由，沒有教條，而且周遭一切都是自由的。

　　如果除了最初的前八種食物之外，你還想要測試更多的食物，例如，高組織胺、水楊酸鹽類、FODMAP，草酸鹽類，或是其他你懷疑可能會害你起反應的新食物，請繼續使用同樣這一套技術。這是你萬一再次需要，下半輩子也可以派上用場的工具，因為有時候，以前不存在的食物敏感性可能會出現。這是最好的方法，可以守住激起你的健康而不是危害你的健康的食物。

現在，記錄如下：

我已經成功地重新引進且沒有引發症狀的食物——我的身體喜愛這些食物啊！

_____

_____

_____

_____

_____

_____

仍會引發症狀的食物——我的身體不喜歡這些。

_____

_____

_____

_____

_____

第8章

設計個人化的新生活計畫

　　你是獨一無二的，現在有憑有據了。你有一份適合你的食物清單，但不一定對其他人有好處。你有一份屬於你的不耐受食物清單，無論別人有沒有。這是僅適用於你的個人知識。這些清單也包含可以用來為自己建立飲食環境以此滋養自己、增進健康的建構要素。你再也不會不知不覺地以餵養炎症的方式進食。你有知識，知道要選擇食用你的身體喜愛且使它茁壯成長的食物。

　　在踏入抗炎生活型態四或八天且歷經了如此生活四或八週之後，你可能還發現到，你比自己所知道的更加有紀律。既然四或八週結束了，那麼時候到了，該要好好斟酌，你想要繼續這個計畫的哪些面向，還有，那份紀律可能很重要，你需要在前進的過程中召喚它。

製作你的個人生活計畫

　　我奉勸我的患者在成功完成剔除飲食之後，要做的第一件事是建立個人化的生活計畫。這是你知道你的身體喜愛的安全食物清單。你可以不管去哪兒都隨身攜帶，或是將它記錄在你經常看得到的地方——智慧型手機裡、夾在皮夾內的一張紙上，或是黏在你家的冰箱上。一段時間後，你一定會記住它。從你在上一章結尾製作的那份清單開始，上頭列出了適合你的重新整合食物，然後加入你在四或八週炎症冷卻階段期間享用過的所有美好食物。不妨瀏覽108頁開始列出的食物，找出其他美好的可能性。這是你的個人生活計畫。每當你需要找東西吃的時候，查閱這份清單可以不斷餵養你的健康。假使發現更多的食物（例如超讚的新鮮蔬菜、水果、各種魚等等），隨時可以新增至這份清單。有疑問時，永遠可以測試新食物，讓它們歷經同樣的剔除飲食流程。

我還建議製作一份你已經選擇要避開的食物清單，以此持續檢測你的炎症。你可以把這寫在生活計畫的背面。從列在上一章結尾不適合你的食物開始。加入任何其他使你身體起反應的食物，例如，你在測試組織胺、短鏈碳水化合物FODMAP、水楊酸鹽類或草酸鹽類時可能發現的食物。你還可以新增基於任何其他原因選擇不食用的食物。例如，你可能對添加的甜味劑不起反應，但不管怎樣，你都可以選擇避開它們。

這些清單可以是你的檢驗標準，使你在人生推進的過程中，正常地享用食物，而非不自然地遵照嚴格的膳食計畫或屈從於飲食教條。你現在正在步入全新的生活，而且真相是，你可以想吃什麼就吃什麼——但你同時配備了關於自己身體的知識，因此你的決定現在是詳實周全的。

現實生活中，飲食就是以這個方式運作的。你的「計畫」很簡單。你有一份你知道可以促進健康的食物清單，要多吃那些食物。你還有一份你知道容易害你發炎的食物清單，由你選擇想不想吃那些食物，因為知道食用的後果。負責人是你啊！與其感覺受限，倒不如認定你面前有無盡的可能性。

建立一週的預設膳食

我幫助我的患者完成的下一件事情是，集思廣益，想出一週的預設膳食，讓患者在無法思考該吃什麼或沒有時間規劃複雜的餐點時有所依靠。根據你的個人生活計畫來安排你的一週預設膳食。利用其中一張空白的用餐計畫表填入這些餐點，讓本書中的用餐計畫和食譜激發你的靈感。在剔除階段期間，你喜愛什麼呢？你是否依據新的飲食經驗製作了新的東西呢？你有最愛的食譜嗎？如果你有快速簡便、隨手可得的早餐、午餐、晚餐和點心清單，且始終在廚房內備有必要的食材，那你永遠不會卡住，然後面對著無法滋養你的食物。這些是你的後盾，把它們寫下來，張貼在你的廚房裡，直到這些變成第二天性為止。你再也不會說：「我不知道該吃什麼啊！」

保持創意

當你有比較多的時間時，要持續在飲食上保持創意。嘗試用比較好的食材重新製作從前喜愛的抗炎食物。當你不確定該吃什麼時，就翻閱第6章的食譜，找尋點子，同時提醒自己什麼食物對你的身體有益處。好好把玩你的清單。大膽嘗試各種蔬菜。擴展你的烹飪視野。

我的部分患者很擔心去餐館或度假或聚會或到朋友家的時候，該如何保持態度堅定。沒有真正改變什麼啦，你還是過著你的生活。唯一的不同是，你現在知道有些食物最好不要吃。只要讓聚會主人或服務生知道你的偏好就行了。查閱一下你該要避開的食物清單。不必對此小題大作。把菜餚帶到你知道可以用餐的派對上。如果某人提供你知道一定會為你帶來麻煩的食物，你唯一要做的是禮貌地婉拒。

真正要緊的是，一旦你健康，就可以在多數時候餵養你的健康，並在多數時候避開炎症的反應因子，無論那些是食物還是生活習慣。要記住，你如何生活也很重要——多久移動一次，睡多少和睡得好不好，你承諾於與他人連結和擁有人生目的的程度。要保持警戒，如此才能體認到，你是否又悄悄回復那些舊有的炎症習性，例如久坐、老盯著螢幕看、退出社交連結、陷入強迫性思維或忽略自己的熱情。現在你知道，哪些事物對你有益，哪些是不利的。你所關注的會增長，忽略的則會萎縮，因此，將能量投注在你喜愛的食物和做法之中——它們滋養你，於是你的健康一定會持續改善。

堅持到底

那「作弊」怎麼說呢？我的患者也問我這個問題——他們擔心完美，或是如果吃了什麼「禁止」的東西，會發生什麼事。講到食物，作弊的概念與永續的全人健康是背道而馳的。我希望你記住，沒有什麼東西是被禁止的。每一樣東西都是一個選擇。知道某樣食物對你有害然後選擇不吃，與禁止自己食用某種特定的食物，兩者之間是有差異的。一個是食物自主，一個是食物監獄。這裡並沒有規定你可以吃什麼、不能吃什麼的飲食法規，這裡沒有丟不丟臉的問題，只有你的健康。你想要感覺美好，因此想要吃些將會使你感覺美好的食物是順理成章的。並沒有限制你不可以食用沒讓你感覺美好的食物——那樣的選擇是基於理性的。

何況有時候，你一定想要唱反調，而我會告訴你為什麼：誘惑、同儕壓力、傳統、儀式、舊習慣、社交場合、家庭動力、舊時美好的享樂主義。我們有時會吃些自己知道事後會後悔吃下的食物，但你已得到的覺知必會造就大大的不同，讓你現在以不一樣的方式感知那些情境。你現在明白了，因此儘管你仍有選擇的餘地，但現在是詳實周全且有意識的抉擇，不是在你知道哪些食物不適合你的身體之前習慣採行的隨便吃喝。你可能決定吃些使你發炎的東西，但因為你知道自己會如何反應，所以可以決定只吃一些。不然就是，你可以決定在特定的情況下那麼做，那個後果將是值得的。你的決定，不是我的決定，不是別人的決定。

你可能還會發現，隨著你的健康持續增強，偶爾，健康的身體可能有辦法處理不適合身體的食物。你可能會發現，一塊生日蛋糕或一些薯片並不會使你的健康陷入混亂。那也是有用的知識。只要注意飲食的傾向。在食物選擇的品質和安全方面，太多的妥協可能會使你分神，聽不見自己身體的訊息，而當你開始無意地偏離自己的最佳意圖時，你的健康可能會再次開始走下坡。如果你不小心，之前的症狀可能會再次回來，而你恐怕會無法精確地標出哪些食物是導致症狀的罪魁禍首。

為了避開上述情況，你可以從這個計畫取得的最重要東西是「覺知」。每次你選擇該吃什麼、每次你睡眠不足、每次你有壓力或久坐一整天或盯著螢幕看太久或不伸出雙臂與他人連結時，要好好留意。要密切關注你的身體的反饋，提醒自己，吃進嘴裡的每一口，以及為了自身健康或抵制自身健康而採取的每一個行動，都是一個抉擇。而且在你當天做出的所有抉擇之中，與食物相關的那些八成是你最能夠掌控的。

你永遠不必吃會使你感覺很差的東西。所以，如果別人都在吃呢，怎麼辦？所以，如果某人或某樣東西——你的家人、你的朋友、傳統——規定你應該要吃那樣東西，怎麼辦呢？沒有必要爭執啊。禮貌地婉拒，繼續做些比較重要的事，例如交談、歡笑、活動、娛樂、過生活。

起初，這可能感覺上不可能。相信我，我知道，我記得。你可能會發現你自己想著諸如此類的事：「可是聖誕節不可能不吃餅乾啊！感恩節，恐怕避不開南瓜派啊！可是其他人都想點披薩啊！是她的生日／婚禮／畢業典禮派對，何況蛋糕就在那裡啊！萬聖節糖果實際上是需要的，不是嗎？」

請記住，這些只是老舊習慣的回音。當然不需要萬聖節糖果，也不需要其他任何東西，而且你心知肚明。那並不意謂著你不能吃那些東西，也不意謂著你必須吃那些東西。你知道你的身體如何對特定的食物起反應，因此你可以更理性、更冷靜地回答這些內在的問題，而且有證據支持你。當你想要屈服時，就預設成那份知曉。假使感到焦慮，感覺被剝奪，覺得自己錯失良機，請提醒自己這個真理：食用滋養自身健康的食物並不是被剝奪，那是最深邃的自由之一。

這裡的自由是：每天早晨起床，感覺美好——沒有腦霧、消化問題、關節和肌肉疼痛、阻礙生命的慢性病症狀。當你的健康改善時，就是在人生的各個層面取得自由。無炎症的生活可以是你的生活，而且比起食用炎症性食品可能帶來的短暫愉悅，無炎生活的愉悅大上許多。何況那些是你的身體喜愛的食物，那不是使你感覺超讚嗎？那是你的全新曲風啊。

> 食用滋養自身健康的食物並不是被剝奪。

隨時可以重新來過

生命，以及身體、健康、生物化學性、生物個體性，這些是動態的，不是靜態的。雖然你的不耐受症可能保持不變，但始終有可能的是，你可能會發展出新的不耐受症，而且開始悄然回歸到炎症譜示發炎的那一端。你甚至可能沒有注意到，隨著時間的流逝，壓力和壞習慣可能悄悄潛回到你的生活中。不然就是，雖然盡了最大的努力，還是可能出現某個健康問題。總是有那些你無法控制的因子可能觸發健康課題。那就更有理由要關注並為自己的健康做出可能最優的決定——也就是如何為自己設計可能出現的最佳結果。最重要的是：好好聆聽你的身體。

密切關注來自你的身體的訊息，始終是追蹤目前健康狀況的最佳方法，尤其是在經歷壓力重重的時期，或是經驗到懷孕、女性更年期或男性更年期（兄弟們，那是睪丸素降低）之類的激素轉變。如果你發現，你已經停止聆聽一段時間了（我們忙碌起來，感到不堪負荷，於是忘了照顧自己），那就將自己帶回到聆聽身體反饋的狀態。如果你經驗到任何的這些生活壓力源，就要特別注意。有什麼害你發炎的東西悄悄溜回來了嗎？身體會改變，時間會改變我們每一個人。我們在炎症譜示上的位置始終只是瞬間的快照，而且隨著時間的流逝，那個位置會不斷改變。

萬一你覺得有需要，永遠可以再次執行剔除計畫，以此減少因為生活中可能發生的不管什麼事情而悄然復發的任何炎症。再次進行第2章的測驗。你可能會重複出現在同一個類別中，或是這次可能得到全然不同的結果。起初，你的功能障礙區可能是消化或關節和肌肉，但現在卻是你的腦或你的激素。假使情況如此，請執行另一個核心4或剔除8抗炎生活階段，幫助你回歸正軌。

還有其他原因促使你可能想要再次執行剔除階段。也許你想要測試某種新食物或嘗試某套新的飲食策略，而且想要明白那是否適合你。在修改、提升或完善你的路徑的過程中，你始終是可以回來的。

但也可能你不再需要剔除階段，因為你現在擁有這些工具。你有自己的食物，你有理想的生活型態。當然，我總是鼓勵你諮詢功能醫學執業人員，尋求更加個人化的計畫，從而查出無法靠自己解決的任何神祕問題。

走向「全人健康」

經過四或八週的抗炎生活，然後小心翼翼地重新引進精選食品，你此刻的感覺應該比剛開始閱讀本書的時候明顯地好上許多。我們重新評估你今天的健康狀況，量化一下。請捫心自問：

- 你的能量如何？
- 你的疼痛水平如何？
- 你睡得如何？
- 你全神貫注的程度如何？
- 你的消化情況如何？
- 從開始這趟旅程以來，你的人生有什麼改變了？

現在，記得你當初在56頁寫下的那八個最糟糕的症狀嗎？那份清單現在看起來如何呢？完全解決了嗎？舉手擊掌吧！大部分解決了嗎？要持續探索，不斷測試，繼續實驗，保持與來自你的身體的訊息合拍合調。可能需要漫長的時間才能讓嚴重的健康失衡開始自行糾正，但你做得不錯了。當你體認到且指出自身健康的正向改變時，你會有更大的動機繼續忠於你新發現的知識和生活計畫。

此外，建議你回到第2章，再做一次那些測驗，尤其是之前得分最高的測驗。既然你已經明顯平息了炎症且精確定出害你發炎的食物，那麼你的得分應該比之前低許多。再做一次「炎症譜示測驗」可以幫助你以量化的方式看見自己改善了多少，以及你在炎症譜示上朝健康方向移動了多少、遠離了慢性疾病多少。那是值得歡慶的事啊！

但是既然你正朝著對的方向前進，那又該如何繼續前進呢？在飲食中避開炎症性食物已經幫助你釐清你的思考，有效抵抗任何食物成癮的趨勢。在過去四或八週期間，你所捨棄的炎症習慣已經有助於平息炎症，療癒你的心智狀態以及你與自己身體的關係。把目標對準你的炎症觸發因子同時在飲食中剔除掉那些，已經幫助你的身體重新設定，療癒你的腸道和你的激素。你可能還沒有感覺到百分百健康，但那也無妨。以我的經驗，有些人可能需要至少六個月，才能完全消除炎症並痊癒，擺脫炎症的影響，而且對許多有健康問題的人來說，可能需要長達兩年才能在生活型態上做出重大的改變，讓我看見經歷著慢性健康問題的人們，在健康狀態上出現有意義的永久性轉變。「全人健康」（wellness）是一趟神聖的旅程，因此，要有耐心，給予自己恩典。要關注你的頭腦，關注你對身體和對食物的感覺。那些全都是平衡的行為的一部分，而平衡的行為就是生命。

　　這是本書的最後一章，但卻是你人生下一個篇章的開始。你的炎症譜示計畫一直是你的跳板，根據與你有關的真實資訊，跳向永續的生活型態改變。要堅守你的身體所愛的，活出你個人的生活計畫，尊重你已經習得的知識，避開傷害你的事物，然後留意你的健康持續改善。

　　既然你已經擁有你身體的路線圖，就要興奮雀躍地前進。你現在做的事不再是某套飲食。你知道你的身體喜愛和需要什麼才能茁壯成長。你已經從限制飲食邁向擁有全人健康。你最了解你的身體，誰都比不上，尤其是現在，你已經學會了如何聆聽它的聲音。

致謝

安珀（Amber）、索羅門（Solomon）、希洛（Shiloh）：我的家人。我好愛你們。我的心徘徊在身體之外，在你們三人身上。隨著每一次呼吸，我都是你們的。

我的團隊：安德莉亞（Andrea）、艾希莉（Ashley）、伊薇特（Yvette）、愛蜜莉（Emily）、珍妮絲（Janice）：你們既是我的家人，也是我最親密的朋友。感謝你們將孜孜不倦的奉獻和熱情獻給了我們十分關心的患者。

我的患者們：感謝你們讓我成為你們邁向全人健康的神聖旅程的一部分。我不會掉以輕心。服務你們是我的榮幸。

海瑟（Heather）、梅根（Megan）、瑪麗安（Marian）、邁可（Michael）以及 在艾弗利（Avery）和沃特伯里（Waterbury）的每一位成員：你們是我夢寐以求的最佳團隊。非常感謝你們相信我，讓本書得以開花結果。

伊芙（Eve）：本書是我們的愛心工程。感謝你與我一起踏上這趟旅程。

傑森（Jason）、科琳（Colleen）以及我的「綠身心」（mindbodygreen）家族：感謝你們為我所做的一切。多年來給我一個聲音和一個家。我永遠感激。

埃莉絲（Elise）、葛妮絲（Gwyneth）、琪琪（Kiki）和我的Goop家

族：非常感謝你們。感謝你們給我機會與世界分享我的心。

　　泰莉・華茲（Terry Wahls）醫師、亞力山卓・楊格（Alejandro Junger）醫師、喬許・雅克斯（Josh Axe）醫師、梅麗莎・哈特維格（Melissa Hartwig）：感謝你們在這個全人健康和食物的領域成為我的英雄、良師、益友。

　　李（Lee）、傑森（Jason）、艾德（Ed）以及我的「擴大」（Amplify）家族：感謝你們成為我的老師、朋友、核心社群。

　　最後，感謝投身功能醫學和全人健康世界的每一個人：你們是世界的改變者。

各章註釋

前言　每個人都是炎症體質的年代

1. Centers for Disease Control and Prevention, "Chronic Diseases in America" infographic, https://www.cdc.gov/chronicdisease/resources/infographic/chronic-diseases.htm.

2. Centers for Disease Control and Prevention, Division for Heart Disease and Stroke Prevention Heart Disease Fact Sheet, https://www.cdc.gov/dhdsp/data_statistics/fact_sheets/fs_heart_disease.htm.

3. World Health Organization Cancer Fact Sheet, http://www.who.int/news-room/fact-sheets/detail/cancer.

4. American Autoimmune Related Diseases Association Autoimmune Disease Statistics, https://www.aarda.org/news-information/statistics/.

5. Andy Menke et al., "Prevalence of and Trends in Diabetes Among Adults in the United States, 1988-2012," *JAMA* 314, no.10 (September 2015): 1021-29. https://jamanetwork.com/journals/jama/fullarticle/2434682.

6. National Institute of Mental Health, Mental Health Information Statistics, https://www.nimh.nih.gov/health/statistics/prevalence/any-mental-illness-ami-among-us-adults.shtml.

7. Centers for Disease Control and Prevention Morbidity and Mortality Weekly Report, https://www.cdc.gov/mmwr/volumes/66/wr/mm6630a6.htm.

8. C. Pritchard, A. Mayers, and D. Baldwin, "Changing Patterns of Neurological Mortality in the 10 Major Developed Countries—1979-2010," *Public Health* 127, no. 4 (April 2013): 357-68; doi: 10.1016/ j.puhe.2012.12.018, https://www.ncbi.nlm.nih.gov/pubmed/23601790.

9. Centers for Disease Control and Prevention Autism Spectrum Disorder Data and Statistics, https://www.cdc.gov/ncbddd/autism/data.html.

10. Irene Papanicolas, Liana R. Woskie, and Ashish K. Jha, "Health Care Spending in the United States and Other High-Income Countries." *JAMA* 319, no. 10 (March 13, 2018): 1024-39; https://jamanetwork.com/journals/jama/article-abstract/2674671.

11. Lisa Girion, Scott Glover, and Doug Smith, "Drug Deaths Now Outnumber Traffic Fatalities in U.S., Data Show," *Los Angeles Times*, September 17, 2011; http://articles.latimes.com/2011/sep/17/local/la-me-drugs-epidemic-20110918.

12. Kelly Adams, Martin Kohlmeier, and Steven Zeisel, "Nutrition Education in U.S. Medical Schools: Latest Update of a National Survey," *Academic Medicine* 85, no. 9 (September 2010): 1537-42; https://www.aamc.org/download/451374/data/nutriritoneducationinusmedschools.pdf.

13. Kelly M. Adams, W. Scott Butsch, and Martin Kohlmeier, "The State of Nutrition Education at US Medical Schools," *Journal of Biomedical Education* 2015 (2015), Article ID 357627, 7 pages; http://dx.doi.org/10.1155/2015/357627,https://www.hindawi.com/journals/jbe/2015/357627/.

14. M. Castillo et al., "Basic Nutrition Knowledge of Recent Medical Graduates Entering a Pediatric Residency Program," *International Journal of Adolescent Medicine and Health* 28, no. 4 (November 2016): 357-61; doi: 10.1515/ ijamh-2015-0019,https://www.ncbi.nlm.nih.gov/pubmed/26234947.

15. Walter C. Willett et al., "Prevention of Chronic Disease by Means of Diet and Lifestyle Changes," in Dean T. Jamision et al., eds., *Disease Control Priorities in Developing Countries,* 2nd ed. (Washington DC: World Bank Publication, 2006); https://www.ncbi.nlm.nih.gov/books/NBK11795/.

第1章　什麼害你身體慢性發炎？

1. L. Cordain et al., "Origins and Evolution of the Western Diet: Health Implications for the 21st Century," *American Journal of Clinical Nutrition* 81, no. 2 (February 2005): 341-54; doi: 10.1093/ ajcn.81.2.341, https: www.ncbi.nlm.nih.gov/ pubmed/15699220.

2. National Institute of Diabetes and Digestive and Kidney Diseases, Adrenal Insufficiency & Addison's Disease, https://www.niddk.nih.gov/health-information/endocrine-diseases/adrenal-insufficiency-addisons-disease.

3. O. Mocan and D. L. DumitraŞcu, "The Broad Spectrum of Celiac Disease and Gluten Sensitive Enteropathy," *Clujul Medical* 89, no. 3 (2016): 335-42; https://www.ncbi.nlm.nih.gov/pubmed/27547052.

4. E. A. Jeong et al., "Ketogenic Diet-Induced Peroxisome Proliferator-Activated Receptor-Y Activation Decreases Neuroinflammation in the Mouse Hippocam pus After Kainic Acid-Induced Seizures," *Experimental Neurology* 232, no. 2 (December 2011): 195-202; https://www.ncbi.nlm.nih.gov/pubmed/21939657.

5. J. Tam et al., "Role of Adiponectin in the Metabolic Effects of Cannabinoid Type 1 Receptor

Blockade in Mice with Diet-Induced Obesity," *American Journal of Physiology-Endocrinology and Metabolism* 306, no. 4 (February 15, 2014): E457-68; https://www.ncbi.nlm.nih.gov/pubmed/24381003.

第3章　抗炎食療：「核心4」和「剔除8」

1. Luana Cassandra Breitenbach Barroso Coelho et al. "Lectins, Interconnecting Proteins with Biotechnological/ Pharmacological and Therapeutic Applications," *Evidence-Based Complementary and Alternative Medicine* 2017; doi: 10.1155/ 2017/ 1594074; https://www.hindawi.com/journals/ecam/2017/1594074/.

2. Lloyd A. Horrocks and Young K. Yeo, "Health Benefits of Docosahexaenoic Acid (DHA)," *Pharmacological Research* 40, no. 3 (September 1999): 211-25; http://www.sciencedirect.com/science/article/pii/S1043661899904954.

3. Kathleen A. Page et al., " Medium-Chain Fatty Acids Improve Cognitive Function in Intensively Treated Type 1 Diabetic Patients and Support in Vitro Synaptic Transmission During Acute Hypoglycemia," *American Diabetes Association* 58, no. 5 (May 2009): 1237-44; http://diabetes.diabetesjournals.org/content/58/5/1237.short.

4. Puei-Lene Lai et al., "Neurotrophic Properties of the Lion's Mane Medicinal Mushroom, *Hericium erinaceus* (Higher Basidiomycetes) from Malaysia," *International Journal of Medicinal Mushrooms* 15, no. 6 (2013): 539-54; http://www.dl.begellhouse.com/journals/708ae68d64b17c5 2,034eeb045436a171,750a15ad12ae25e9.html.

5. R. Katzenschlager et al., "*Mucuna pruriens* in Parkinson's Disease: A Double Blind Clinical and Pharmacological Study," *Journal of Neurology, Neurosurgery & Psychiatry* 75, no. 12 (2004): 1672-77; http://jnnp.bmj.com/content/75/12/1672.

6. Ghazala Hussian and Bala V. Manyam, "*Mucuna pruriens* Proves More Effective Than L-DOPA in Parkinson's Disease Animal Model," *Phytotherapy Research* 11, no. 6 (September 1997): 419-23; http://onlinelibrary.wiley.com/doi/10.1002/(SICI)1099-1573(199709)11:6%3C419::AID-PTR120%3E3.0.CO;2-Q/full.

7. Chizuru Konagai et al., "Effects of Krill Oil Containing n-3 Polyunsaturated Fatty Acids in Phospholipid Form on Human Brain Function: A Randomized Controlled Trial in Healthy Elderly Volunteers," *Clinical Interventions in Aging* 8 (September 2013): 1247-57; https://www.ncbi.nlm.nih.gov/pmc/articles/PMC3789637/.

8. Parris Kidd, "Integrated Brain Restoration After Ischemic Stroke—Medical Management, Risk Factors, Nutrients, and Other Interventions for Managing Inflammation and Enhancing Brain

Plasticity," *Alternative Medicine Review: A Journal of Clinical Therapeutic* 14, no. 1 (April 2009): 14-35; https://www.researchgate.net/publication/24275478_Integrated_Brain_Restoration_after_ Ischemic_Stroke_-_Medical_Management_Risk_Factors_Nutrients_and_other_Interventions_ for_Managing_Inflammation_and_Enhancing_Brain_Plasticity.

9. Tracy K. McIntosh et al. "Magnesium Protects Against Neurological Deficit After Brain Injury," *Brain Research* 482, no. 2 (March 1989): 252-60; http://www.sciencedirect.com/science/article/ pii/0006899389911888.

10. Inna Slutsky et al., "Enhancement of Learning and Memory by Elevating Brain Magnesium," *Neuron* 65, no. 2 (January 2010): 165-77; http://www.sciencedirect.com/science/article/pii/ S0896627309010447.

11. Laura D. Baker et al., "Effects of Aerobic Exercise on Mild Cognitive Impairment: A Controlled Trial," *Archives of Neurology* 67, no. 1 (January 2010): 71-79; https://jamanetwork.com/journals/ jamaneurology/fullarticle/799013.

12. Stanley J. Colcombe et al., "Aerobic Exercise Training Increases Brain Volume in Aging Humans," *The Journals of Gerontology: Series A* 61, no. 11 (November 2006): 1166-70; https:// academic.oup.com/biomedgerontology/article/61/11/1166/630432/Aerobic-Exercise-Training- Increases-Brain-Volume.

13. Dietmar Benke et al., "GABA$_A$ Receptors as *in Vivo* Substrate for the Anxiolytic Action of Valerenic Acid, a Major Constituent of Valerian Root Extracts," *Neuropharmacology* 56, no. 1 (January 2009): 174-81; https://www.sciencedirect.com/science/article/pii/S0028390808001950.

14. E. J. Huang and L. F. Reichardt, "Neurotrophins: Roles in Neuronal Development and Function," *Annual Review of Neuroscience* 24 (March 2001): 677-736; https://www.ncbi.nlm.nih.gov/ pubmed/11520916.

15. Karl Obrietan, Xiao-Bing Gao, and Anthony N. van den Pol, "Excitatory Actions of GABA Increase BDNF Expression via a MAPK-CREB-Dependent Mechanism—A Positive Feedback Circuit in Developing Neurons," *Journal of Neurophysiology* 88, no. 2 (August 2002): 1005-15; https://www.physiology.org/doi/abs/10.1152/jn.2002.88.2.1005.

16. Pirjo Komulainen et al., "BDNF Is a Novel Marker of Cognitive Function in Ageing Women: The DR's EXTRA Study," *Neurobiology of Learning and Memory* 90, no. 4 (November 2008): 596- 603; https://www.sciencedirect.com/science/article/pii/S1074742708001287.

17. S. Parvez et al., "Probiotics and Their Fermented Food Products Are Beneficial for Health," *Journal of Applied Microbiology* 100, no. 6 (June 2006): 1171-85; http://onlinelibrary.wiley.com/ doi/10.1111/j.1365-2672.2006.02963.x/full.

18. S. Salminen, E. Isolauri, and E. Salminen, "Clinical Uses of Probiotics for Stabilizing the Gut Mucosal Barrier: Successful Strains and Future Challenges," *Antonie van Leeuwenhoek* 70, no. 2-4 (October 1996): 347-58; https://link.springer.com/article/10.1007%2FBF00395941?LI=true.

19. L. J. Fooks and G. R. Gibson, "Probiotics as Modulators of the Gut Flora," *British Journal of Nutrition* 88, no. S1 (September 2002): s39-s49; https://www.cambridge.org/core/journals/british-journal-of-nutrition/article/probiotics-as-modulators-of-the-gut-flora/0ECB99C9BCC4A6217AA70A51471E3BBA.

20. P. Newsholme, "Why Is L-Glutamine Metabolism Important to Cells of the Immune System in Health, Postinjury, Surgery or Infection?," *The Journal of Nutrition* 131, Supp. 9 (September 2001): 2515S-2522S; https://www.ncbi.nlm.nih.gov/pubmed/11533304.

21. Zhao-Lai Dai et al., "L-Glutamine Regulates Amino Acid Utilization by Intestinal Bacteria," *Amino Acids* 45, no. 3 (September 2013): 501-12; https://link.springer.com/article/10.1007/s00726-012-1264-4.

22. L. Langmead et al., "Antioxidant Effects of Herbal Therapies Used by Patients with Inflammatory Bowel Disease: An *in Vitro* Study," *Alimentary Pharmacology and Therapeutics* 16, no. 2 (February 2002): 197-205; http://onlinelibrary.wiley.com/doi/10.1046/j.1365-2036.2002.01157.x/full.

23. Marta González-Castejón, Francesco Visioli, and Arantxa Rodriguez-Casado, "Diverse Biological Activities of Dandelion," *Nutrition Reviews* 70, no. 9 (September 1, 2012): 534-47; https://academic.oup.com/nutritionreviews/article-abstract/70/9/534/1835513.

24. Marzieh Soheili and Kianoush Khosravi-Darani, "The Potential Health Benefits of Algae and Micro Algae in Medicine: A Review on *Spirulina platensis*," *Current Nutrition and Food Science* 7, no. 4 (November 2011): 279-85; http://www.ingentaconnect.com/contentone/ben/cnf/2011/00000007/00000004/art00007.

25. Ludovico Abenavoli et al., "Milk Thistle in Liver Diseases: Past, Present, Future," *Phytotherapy Research* 24, no. 10 (October 2010): 1423-32; http://onlinelibrary.wiley.com/doi/10.1002/ptr.3207/full.

26. Janice Post-White, Elena J. Ladas, and Kara M. Kelly, "Advances in the Use of Milk Thistle (*Silybum marianum*)," *Integrative Cancer Therapies* 6, no. 2 (June 2007): 104-109; http://journals.sagepub.com/doi/abs/10.1177/1534735407301632.

27. P. Ranasinghe et al., "Efficacy and Safety of 'True' Cinnamon (*Cinnamomum zeylanicum*) as a Pharmaceutical Agent in Diabetes: A Systematic Review and Meta-analysis," *Diabetic Medicine* 29, no. 12 (December 2012): 1480-92; http://onlinelibrary.wiley.com/doi/10.1111/j.1464-

5491.2012.03718.x/full.

28. Haou-Tzong Ma, Jung-Feng Hsieh, and Shui-Tein Chen, " Anti-Diabetic Effects of *Ganoderma lucidum*," *Phytochemistry* 114 (June 2015): 109-13; http://www.sciencedirect.com/science/article/pii/S0031942215000837.

29. L. Liu et al., "Berberine Suppresses Intestinal Disaccharidases with Beneficial Metabolic Effects in Diabetic States, Evidences from in Vivo and in Vitro Study," *Naunyn-Schmiedeberg's Archives of Pharmacology* 381, no. 4 (April 2010): 371-81; https://www.ncbi.nlm.nih.gov/pubmed/20229011.

30. Jun Yin, Huili Xing, and Jianping Ye, "Efficacy of Berberine in Patients with Type 2 Diabetes," *Metabolism* 57, no. 5 (May 2008): 712-17; https://www.ncbi.nlm.nih.gov/pmc/articles/PMC2410097/.

31. Noriko Yamabe et al., "Matcha, a Powdered Green Tea, Ameliorates the Progression of Renal and Hepatic Damage in Type 2 Diabetic OLETF Rats," *Journal of Medicinal Food* 12, no. 4 (September 2009): 714-21; http://online.liebertpub.com/doi/abs/10.1089/jmf.2008.1282.

32. J. Larner, "D-Chiro-Inositol—Its Functional Role in Insulin Action and Its Deficit in Insulin Resistance," *International Journal of Experimental Diabetes Research* 3, no. 1 (2002): 47-60; https://www.ncbi.nlm.nih.gov/pubmed/11900279.

33. F. Brighenti et al., "Effect of Neutralized and Native Vinegar on Blood Glucose and Acetate Responses to a Mixed Meal in Healthy Subjects," *European Journal of Clinical Nutrition* 49, no. 4 (April 1995): 242-47; C. S. Johnston, C. M. Kim, and A. J. Buller, "Vinegar Improves Insulin Sensitivity to a High-Carbohydrate Meal in Subjects with Insulin Resistance or Type 2 Diabetes," *Diabetes Care* 27, no. 1 (January 2004): 281-82; C. S. Johnston et al., "Examination of the Antiglycemic Properties of Vinegar in Healthy Adults," *Annals of Nutrition & Metabolism* 56, no. 1 (2010): 74-79; H. Liljeberg and I. Björck, "Delayed Gastric Emptying Rate May Explain Improved Glycaemia in Healthy Subjects to a Starchy Meal with Added Vinegar," *European Journal of Clinical Nutrition* 52, no. 5 (May 1998): 368-71; M. Leeman, E. Ostman, and I. Björck, "Vinegar Dressing and Cold Storage of Potatoes Lowers Postprandial Glycaemic and Insulinaemic Responses in Healthy Subjects," *European Journal of Clinical Nutrition* 59, no. 11 (November 2005): 1266-71; Nilgün H. Budak et al., "Functional Properties of Vinegar," *Journal of Food Science* 79, no. 5 (May 2014): R757-R764.

34. El Petsiou et al., "Effect and Mechanisms of Action of Vinegar on Glucose Metabolism, Lipid Profile and Body Weight," *Nutrition Reviews* 72, no. 10 (October 2014): 651-61; Brighenti et al., "Effect of Neutralized and Native Vinegar on Blood Glucose and Acetate Responses to a

Mixed Meal in Healthy Subjects"; Andrea M. White and Carol S. Johnston, "Vinegar Ingestion at Bedtime Moderates Waking Glucose Concentrations in Adults with Well-Controlled Type 2 Diabetes," *Diabetes Care* 30, no. 11 (November 2007): 2814-15.

35. T. Wolfram and F. Ismail-Beigi, "Efficacy of High-Fiber Diets in the Management of Type 2 Diabetes Mellitus," *Endocrine Practice* 17, no. 1 (January-February 2011): 132-42; https://www.ncbi.nlm.nih.gov/pubmed/20713332.

36. C. L. Broadhurst and P. Domenico, "Clinical Studies on Chromium Picolinate Supplementation in Diabetes Mellitus—A Review," *Diabetes Technology & Therapeutics* 8, no. 6 (December 2006): 677-87; https://www.ncbi.nlm.nih.gov/pubmed/17109600.

37. R. E. Booth, J. P. Johnson, and J. D. Stockand, "Aldosterone," *Advanced Physiological Education* 26, no. 1-4 (December 2002): 8-20; https://www.ncbi.nlm.nih.gov/pubmed/11850323.

38. Z. Lu et al., "An Evaluation of the Vitamin D3 Content in Fish: Is the Vitamin D Content Adequate to Satisfy the Dietary Requirement for Vitamin D?," *The Journal of Steroid Biochemistry and Molecular Biology* 103, no. 3-5 (March 2007): 642-44; http://www.sciencedirect.com/science/article/pii/S0960076006003955.

39. Joseph L. Mayo, "Black Cohosh and Chasteberry: Herbs Valued by Women for Centuries," *Clinical Nutrition Insights* 6, no. 15 (1998): 1-3; https://pdfs.semanticscholar.org/dcc5/37a8da60cde7b0f5cecb701c2e161b62ac88.pdf.

40. N. Singh et al., "*Withania Somnifera* (Ashwagandha), a Rejuvenating Herbal Drug Which Enhances Survival During Stress (an Adaptogen)," *International Journal of Crude Drug Research* 20, no. 1 (1982): 29-35; http://www.tandfonline.com/doi/abs/10.3109/13880208209083282.

41. Lakshmi-Chandra Mishra, Betsy B. Singh, and Simon Dagenais, "Scientific Basis for the Therapeutic Use of *Withania somnifera* (Ashwagandha): A Review," *Alternative Medicine Review* 5, no. 4 (2000): 334-46; https://kevaind.org/download/Withania%20somnifera%20in%20Thyroid.pdf.

42. L. Schäfer and K. Kragballe, "Supplementation with Evening Primrose Oil in Atopic Dermatitis: Effect on Fatty Acids in Neutrophils and Epidermis," *Lipids* 26, no. 7 (1991): 557-60; https://www.ncbi.nlm.nih.gov/pubmed/1943500.

43. Eric D. Withee et al., "Effects of MSM on Exercise-Induced Muscle and Joint Pain: A Pilot Study," *Journal of the International Society of Sports Nutrition* 12, Supp. 1 (2015): P8, https://www.ncbi.nlm.nih.gov/pmc/articles/PMC4595302/; P. R. Usha and M. U. Naidu, "Randomised, Double-Blind, Parallel, Placebo-Controlled Study of Oral Glucosamine, Methylsulfonylmethane and Their Combination in Osteoarthritis," *Clinical Drug Investigation* 24, no. 6 (2004): 353-63,

https://www.ncbi.nlm.nih.gov/pubmed/17516722; Marie van der Merwe and Richard J. Bloomer, "The Influence of Methylsulfonylmethane on Inflammation-Associated Cytokine Release Before and Following Strenuous Exercise," *Journal of Sports Medicine*, https://www.ncbi.nlm.nih.gov/pmc/articles/PMC5097813/.

44. G. S. Kelly, "The Role of Glucosamine Sulfate and Chondroitin Sulfates in the Treatment of Degenerative Joint Disease," *Alternative Medicine Review: A Journal of Clinical Therapeutic* 3, no. 1 (February 1998): 27-39; http://europepmc.org/abstract/med/9600024.

45. Fredrikus G. J. Oosterveld et al., "Infrared Sauna in Patients with Rheumatoid Arthritis and Ankylosing Spondylitis," *Clinical Rheumatology* 28 (January 2009): 29; https://link.springer.com/article/10.1007/s10067-008-0977-y.

46. Kevin P. Speer, Russell F. Warren, and Lois Horowitz, "The Efficacy of Cryotherapy in the Postoperative Shoulder," *Journal of Shoulder and Elbow Surgery* 5, no. 1 (January-February 1996): 62-68; http://www.sciencedirect.com/science/article/pii/S1058274696800322.

47. Barrie R. Cassileth and Andrew J. Vickers, "Massage Therapy for Symptom Control: Outcome Study at a Major Cancer Center," *Journal of Pain and Symptom Management* 28, no. 3 (September 2004): 244-49; http://www.sciencedirect.com/science/article/pii/S0885392404002623.

48. L. Kalichman, "Massage Therapy for Fibromyalgia Symptoms," *Rheumatology International* 30, no. 9 (July 2010): 1151-57; https://www.ncbi.nlm.nih.gov/pubmed/20306046.

49. J. Manzanares, M. D. Julian, and A. Carrascosa, "Role of the Cannabinoid System in Pain Control and Therapeutic Implications for the Management of Acute and Chronic Pain Episodes," *Current Neuropharmacology* 4, no. 3 (July 2006): 239-57, https:// www.ncbi.nlm.nih.gov/pmc/ articles/ PMC2430692/; A. Holdcroft et al., "A Multicenter Dose-Escalation Study of the Analgesic and Adverse Effects of an Oral Cannabis Extract (Cannador) for Postoperative Pain Management," *Anesthesiology* 104, no. 5 (May 2006): 1040-46, https://www.ncbi.nlm.nih.gov/pubmed/16645457.

50. B. Richardson, "DNA Methylation and Autoimmune Disease," *Clinical Immunology* 109, no. 1 (October 2003): 72-79; https://www.ncbi.nlm.nih.gov/pubmed/14585278.

51. Andrzej Sidor and Anna Gramza-Michalowska, "Advanced Research on the Antioxidant and Health Benefit of Elderberry (*Sambucus nigra*) in Food—A Review," *Journal of Functional Foods* 18, Part B (October 2015): 941-58; http://www.sciencedirect.com/science/article/pii/S1756464614002400.

52. Nieken Susanti, "Asthma Clinical Improvement and Reduction in the Number of CD4+ CD25+ foxp3+ Treg and CD4+IL-10+ Cells After Administration of Immunotherapy *House Dust Mite* and

Adjuvant Probiotics and/ or *Nigella Sativa* Powder in Mild Asthmatic Children," *IOSR Journal of Dental and Medical Sciences* 7, no. 3 (May-June 2013): 50-59; http://www.iosrjournals.org/iosr-jdms/papers/Vol7-issue3/J0735059.pdf.

53. B. Wang et al., "Neuroprotective Effects of Pterostilbene Against Oxidative Stress Injury: Involvement of Nuclear Factor Erythroid 2-Related Factor 2 Pathway," *Brain Research* 1643 (July 15, 2016): 70-79; https://www.ncbi.nlm.nih.gov/pubmed/27107941.

54. T. Furuno and M. Nakanishi, "Kefiran Suppresses Antigen-Induced Mast Cell Activation," *Biological and Pharmaceutical Bulletin* 35, no. 2 (2012): 178-83; https://www.ncbi.nlm.nih.gov/pubmed/22293347.

55. M. Hatori et al., "Time-Restricted Feeding Without Reducing Caloric Intake Prevents Metabolic Diseases in Mice Fed a High-Fat Diet," *Cell Metabolism* 15, no. 6 (June 6, 2012): 848-60; https://www.ncbi.nlm.nih.gov/ pubmed/ 22608008.

第4章　四天／八天戒斷致炎食物

1. S. Guyenet, "Grains and Human Evolution," *Whole Health Source*, July 10, 2008; http://wholehealthsource.blogspot.com/2008/07/grains-and-human-evolution.html.

2. Oana Mocan and Dan L. Dumitrașcu, "The Broad Spectrum of Celiac Disease and Gluten Sensitive Enteropathy," *Clujul Medical* 89, no. 3 (2016): 335-42; https://www.ncbi.nlm.nih.gov/pmc/articles/PMC4990427/.

3. Jessica R. Biesiekierski and Julie Iven, " Non-Coeliac Gluten Sensitivity: Piecing the Puzzle Together," *United European Gastroenterology Journal* 3, no. 2 (April 2015): 160-65; https://www.ncbi.nlm.nih.gov/pmc/articles/PMC4406911/.

4. Jessica R. Jackson et al., "Neurologic and Psychiatric Manifestations of Celiac Disease and Gluten Sensitivity," *Psychiatric Quarterly* 83, no. 1 (March 2012): 91-102; https://www.ncbi.nlm.nih.gov/pmc/articles/PMC3641836/.

5. S. Lohi et al., "Increasing Prevalence of Coeliac Disease over Time," *Alimentary Pharmacology & Therapeutics* 26, no. 9 (November 1, 2007): 1217-25; https://www.ncbi.nlm.nih.gov/pubmed/17944736.

6. David L. J. Freed, "Do Dietary Lectins Cause Disease?," *BMJ* 318, no. 7190 (April 17, 1999): 1023-24; https://www.ncbi.nlm.nih.gov/pmc/articles/PMC1115436.

7. Pedro Cuatrecasas and Guy P. E. Tell, " Insulin-Like Activity of Concanavalin A and Wheat Germ Agglutinin—Direct Interactions with Insulin Receptors," *Proceedings of the National Academy of Sciences of the USA* 70, no. 2 (February 1973): 485-89; https://www.ncbi.nlm.nih.gov/pmc/

articles/PMC433288/.

8.   Tommy Jönsson et al., "Agrarian Diet and Diseases of Affluence—Do Evolutionary Novel Dietary Lectins Cause Leptin Resistance?," *BMC Endocrine Disorders* 5 (December 10, 2005): 10; https://bmcendocrdisord.biomedcentral.com/articles/10.1186/1472-6823-5-10.

9.   J. L. Greger, "Nondigestible Carbohydrates and Mineral Bioavailability," *The Journal of Nutrition* 129, no. 7 (July 1999): 1434S-1435S; doi: 10.1093 /jn/129.7.1434S.

10.   I. T. Johnson et al., "Influence of Saponins on Gut Permeability and Active Nutrient Transport in Vitro," *The Journal of Nutrition* 116, no. 11 (November 1986): 2270-77; https://www.ncbi.nlm. nih.gov/pubmed/3794833.

11.   Albano Beja-Pereira et al., " Gene-Culture Coevolution Between Cattle Milk Protein Genes and Human Lactase Genes," *Nature Genetics* 35 (November 23, 2003): 311-13; https://www.nature. com/articles/ng1263.

12.   S. Pal et al., "Milk Intolerance, Beta-Casein and Lactose," *Nutrients* 7, no. 9 (August 31, 2015): 7285-97; https://www.ncbi.nlm.nih.gov/pubmed/26404362.

13.   "New Studies Show Sugar's Impact on the Brain, and the News Is Not Good," *Forbes*, November 8, 2016; https://www.forbes.com/sites/quora/2016/11/08/new-studies-show-sugars-impact-on-the-brain-and-the-news-is-not-good/#337151c1652d.

14.   "Latest SugarScience Research," *SugarScience, University of California, San Francisco*; http:// sugarscience.ucsf.edu/latest-sugarscience-research.html#.WY4UllGGOkw.

15.   Julie Corliss, "Eating Too Much Added Sugar Increases the Risk of Dying with Heart Disease," *Harvard Health Blog*, February 6, 2014; https://www.health.harvard.edu/blog/eating-too-much-added-sugar-increases-the-risk-of-dying-with-heart-disease-201402067021.

16.   Kelly McCarthy, "Artificial Sweeteners Linked to Weight Gain over Time, Review of Studies Says," *ABC News*, July 17, 2017; http://abcnews.go.com/Health/artificial-sweeteners-weight-gain-time-review-studies/story?id=48676448.

17.   "Dietary Guidelines for Americans Shouldn't Place Limits on Total Fats," *Tufts Now* news release, June 23, 2015; https://now.tufts.edu/news-releases/dietary-guidelines-americans-shouldn-t-place-limits-total-fat.

18.   Steven R. Gundry, "Abstract P354: Elevated Adiponectin and Tnf-alpha Levels Are Markers for Gluten and Lectin Sensitivity," *Circulation* 129, Supp. 1 (2018): AP354; http://circ.ahajournals. org/content/129/Suppl_1/AP354.

19.   T. Erik Mirkov et al., "Evolutionary Relationships Among Proteins in the Phytohemagglutinin-Arcelin-α-Amylase Inhibitor Family of the Common Bean and Its Relatives," *Plant Molecular*

Biology 26, no. 4 (November 1994): 1103-13; https://link.springer.com/article/10.1007/BF00040692#page-1.

20. Richard D. Cummings and Marilynn E. Etzler, "Antibodies and Lectins in Glycan Analysis," in Ajit Varki et al., eds., *Essentials of Glycobiology*, 2nd ed. (Cold Spring Harbor, NY: Cold Spring Harbor Laboratory Press, 2009); https://www.ncbi.nlm.nih.gov/books/NBK1919/.

21. Steven R. Gundry, "Abstract P354: Elevated Adiponectin and Tnf-alpha Levels Are Markers for Gluten and Lectin Sensitivity," *Circulation* 129, Supp. 1 (2018): AP354; http://circ.ahajournals.org/content/129/Suppl_1/AP354.

22. Ibid.

第5章　四週／八週養成抗炎體質

1. Environmental Working Group Consumer Guides: www.ewg.org/foodnews/.

2. Keith M. Diaz et al., "Patterns of Sedentary Behavior and Mortality in U.S. Middle-Aged and Older Adults: A National Cohort Study," *Annals of Internal Medicine* 167, no. 7 (October 3, 2017): 465-75; http://annals.org/aim/article-abstract/2653704/patterns-sedentary-behavior-mortality-u-s-middle-aged-older-adults.

3. Christina M. Puchalski, "The Role of Spirituality in Health Care," *Baylor University Medical Center Proceedings* 14, no. 4 (October 2001): 352-57; https://www.ncbi.nlm.nih.gov/pmc/articles/PMC1305900.

4. Ozden Dedeli and Gulten Kaptan, "Spirituality and Religion in Pain and Pain Management," *Health Psychology Research* 1, no. 3 (September 2013): e29.

5. Gaétan Chevalier et al., "Earthing: Health Implications of Reconnecting the Human Body to the Earth's Surface Electrons," *Journal of Environmental and Public Health* (January 12, 2012): 291541; https://www.ncbi.nlm.nih.gov/pmc/articles/PMC3265077/.

6. "The Health Benefits of Volunteering: A Review of Recent Research," *Corporation for National and Community Service*, 2007; https://www.nationalservice.gov/sites/default/files/documents/07_0506_hbr.pdf.

7. Jacqueline Howard, "Americans Devote More Than 10 Hours a Day to Screen Time, and Growing," CNN, July 29, 2016; https://www.cnn.com/2016/06/30/health/americans-screen-time-nielsen/index.html.

8. Aviv Malkiel Weinstein, "Computer and Video Game Addiction—A Comparison Between Game Users and Non-Game Users," *The American Journal of Drug and Alcohol Abuse* 36, no. 5 (June 2010): 268-76; http://www.tandfonline.com/doi/abs/10.3109/00952990.2010.491879.

9. Victoria L. Dunckley, "Gray Matters: Too Much Screen Time Damages the Brain," *Psychology Today*, February 27, 2014; https://www.psychologytoday.com/blog/mental-wealth/201402/gray-matters-too-much-screen-time-damages-the-brain.

10. "Prolonged Television Viewing Linked to Increased Health Risks," *Harvard Gazette*, July 6, 2011; http://news.harvard.edu/gazette/story/newsplus/prolonged-television-viewing-linked-to-increased-health-risks/.

11. Julie Taylor, "Are Computer Screens Damaging Your Eyes?," *CNN Health*, November 12, 2013; http://www.cnn.com/2013/11/12/health/upwave-computer-eyes/index.html.

12. Meg Aldrich, "Too Much Screen Time Is Raising Rate of Childhood Myopia," *Keck School of Medicine of USC,* January 22, 2019; http://keck.usc.edu/too-much-screen-time-is-raising-rate-of-childhood-myopia/.

13. Joanne Cavanaugh Simpson, "Digital Disabilities—Text Neck, Cellphone Elbow—Are Painful and Growing," *The Washington Post Health & Science*, June 13, 2016; https://www.washingtonpost.com/national/health-science/digital-disabilities--text-neck-cellphone-elbow--are-painful-and-growing/2016/06/13/df070c7c-0afd-11e6-a6b6-2e6de3695b0e_story.html?utm_term=.fad03116a6af.

14. Nicholas Carr, *The Shallows: What the Internet Is Doing to Our Brains* (New York: W. W. Norton, 2011).

15. "Body Burden—The Pollution in Newborns: A Benchmark Investigation of Industrial Chemicals, Pollutants, and Pesticides in Human Umbilical Cord Blood," *Environmental Working Group*, July 2005; https://web.archive.org/web/20050716022737/http://www.ewg.org:80/reports/bodyburden2/execsumm.php.

16. James W. Daily, Mini Yang, and Sunmin Park, "Efficacy of Turmeric Extracts and Curcumin for Alleviating the Symptoms of Joint Arthritis: A Systematic Review and Meta-Analysis of Randomized Clinical Trials," *Journal of Medicinal Food* 19, no. 8 (August 2016): 717-29; https://www.ncbi.nlm.nih.gov/pmc/articles/PMC5003001.

17. J. Paul Hamilton et al., "Depressive Rumination, the Default-Mode Network, and the Dark Matter of Clinical Neuroscience," *Biological Psychiatry* 78, no. 4 (August 15, 2015): 224-30; https://www.ncbi.nlm.nih.gov/pmc/articles/PMC4524294/.

18. Shimon Saphire-Berstein et al., "Oxytocin Receptor Gene (*OXTR*) Is Related to Psychological Resources," *Proceedings of the National Academy of Sciences* 108, no. 37 (September 13, 2011): 15118-122; https://www.ncbi.nlm.nih.gov/pmc/articles/PMC3174632/.

19. Lissa Rankin, "Scientific Proof That Negative Beliefs Harm Your Health," *MindBodyGreen*, May

2013; https://www.mindbodygreen.com/0-9690/scientific-proof-that-negative-beliefs-harm-your-health.html.

20. Quora, "This Is What Negativity Does to Your Immune System, and It's Not Pretty," *Forbes*, June 24, 2016; https://www.forbes.com/sites/quora/2016/06/24/this-is-what-negativity-does-to-your-immune-system-and-its-not-pretty/#421d55e9173b.

21. Lisa R. Yanek et al., "Effect of Positive Well-Being on Incidence of Symptomatic Coronary Artery Disease," *American Journal of Cardiology* 112, no. 8 (October 2013): 1120-25; https://www.ncbi.nlm.nih.gov/pmc/articles/PMC3788860/.

22. Angela K. Troyer, "The Health Benefits of Socializing," *Psychology Today*, June 30, 2016; https://www.psychologytoday.com/blog/living-mild-cognitive-impairment/201606/the-health-benefits-socializing.

23. Eliene Augenbraun, "How Real a Risk Is Social Media Addiction?," *CBS News*, August 22, 2014; https://www.cbsnews.com/news/how-real-a-risk-is-social-media-addiction/.

24. Susan Greenfield, *Mind Change: How Digital Technologies Are Leaving Their Mark on Our Brains* (New York: Random House, 2015).

25. Roxanne Nelson, "Higher Purpose in Life Tied to Better Brain Health," *Reuters,* April 7, 2015; http://www.reuters.com/article/us-stroke-risk-attitude-idUSKBN0MY25Q20150407.

第7章　重新整合你的新舊飲食

1. Isabel J. Skypala et al., "Sensitivity to Food Additives, Vaso-Active Amines and Salicylates: A Review of the Evidence," *Clinical and Translational Allergy* 5 (2015): 34; https://www.ncbi.nlm.nih.gov/pmc/articles/PMC4604636/.

2. Ibid.

3. Jessica R. Biesiekierski et al., "No Effects of Gluten in Patients with Self-Reported Non-Celiac Gluten Sensitivity After Dietary Reduction of Fermentable, Poorly Absorbed, Short-Chain Carbohydrates," *Gastroenterology* 145, no. 2 (August 2013): 320-28.e3; http://www.gastrojournal.org/article/S0016-5085(13)00702-6/fulltext.

4. M. S. Baggish, E. H. Sze, and R. Johnson, "Urinary Oxalate Excretion and Its Role in Vulvar Pain Syndrome," *American Journal of Obstetrics and Gynecology* 177, no. 3 (September 1997): 507-11; https://www.ncbi.nlm.nih.gov/pubmcd/9322615.

BH0055R

抗炎體質食療聖經

百病起於「炎」，哪些食物害你慢性發炎？四週、八週抗炎食譜，
吃回自體免疫力！

The Inflammation Spectrum: Find Your Food Triggers and Reset Your System

作　　者	威爾・柯爾（Will Cole）醫師、伊芙・亞丹森（Eve Adamson）
譯　　者	繆靜芬
責任編輯	田哲榮
協力編輯	朗慧
封面設計	柳佳璋
內頁構成	李秀菊
校　　對	吳小微

發 行 人	蘇拾平
總 編 輯	于芝峰
副總編輯	田哲榮
業務發行	王綬晨、邱紹溢、劉文雅
行銷企劃	陳詩婷
出　　版	橡實文化 ACORN Publishing
	新北市231030新店區北新路三段207-3號5樓
	電話：（02）8913-1005　傳真：（02）8913-1056
	網址：www.acornbooks.com.tw
	E-mail：acorn@andbooks.com.tw
發　　行	大雁出版基地
	新北市231030新店區北新路三段207-3號5樓
	電話：（02）8913-1005　傳真：（02）8913-1056
	讀者服務信箱：andbooks@andbooks.com.tw
	劃撥帳號：19983379 戶名：大雁文化事業股份有限公司

印　　刷	中原造像股份有限公司
二版一刷	2023年10月
二版二刷	2023年12月
定　　價	520元
I S B N	978-626-7313-35-0

歡迎光臨大雁出版基地官網
www.andbooks.com.tw
● 訂閱電子報並填寫回函卡 ●

國家圖書館出版品預行編目(CIP)資料

抗炎體質食療聖經：百病起於「炎」，哪些食物害你慢性發
炎？四週、八週抗炎食譜，吃回自體免疫力！／威爾・柯爾
（Will Cole）著；繆靜芬譯. -- 二版. -- 臺北市：橡實文化出
版：大雁出版基地發行, 2023.10
　面；　公分
譯自：The inflammation spectrum : find your food triggers and reset
　　　your system
ISBN 978-626-7313-35-0（平裝）

1.CST: 疾病防制　2.CST: 慢性疾病　3.CST: 健康飲食

429.3　　　　　　　　　　　　　　　　　　112011372